常識が変わる
スペシャルティコーヒー入門

伊藤亮太

青春新書
PLAYBOOKS

はじめに

日本のコーヒー市場が活況を呈しています。

全日本コーヒー協会の統計によると、日本国内のコーヒー消費量は、東日本大震災があった2011年にいったん落ち込むものの、翌年から回復を続け、過去3年（2013年・2014年・2015年）は連続して過去最高を記録しました。

最近はメディアもコーヒーを熱心に取り上げますし、ヒット商品や流行語のランキングにもここ数年、コーヒー関連のものが顔を出すようになりました。例えば日経MJが年に2回発表する「ヒット商品番付」には、2012年上期の「コンビニコーヒー」（東前頭）を皮切りに、2015年まで毎年連続してコーヒー関連のものがランクインしています。「ユーキャン新語・流行語大賞」では2015年に「サードウェーブコーヒー」がノミネートされています。

こうした近年の活況ぶりは「コーヒーブーム」と表現されることもしばしばでした。数年間続いた「ブーム」も今はさすがに下火になった感がありますが、その間にさまざまな商品提供形態が現れ、いわゆるコンビニコーヒーを筆頭に、中にはすっかり定着したものもあります。おかげで私たちの選択肢は少し広がったのかもしれません。

サードウェーブ

ブームに伴うように、コーヒーに関する新しい言葉やなじみのない用語も近ごろは見聞きするようにもなりました。その中には、あまり説明もなく商品のパッケージや広告に表示されているものがあったり、人によって言うことが少しずつ違うので正しい意味が何なのかよく分からないものがあったりします。

そうした、よくわからないけれどよく見聞きするようになった言葉の代表格は「サードウェーブコーヒー」ではないでしょうか。「サードウェーブ」と聞くと、イケメンがいる明るくおしゃれなカフェや、見た目がきれいなカプチーノ、手作業でいれたうすめの酸っぱいコーヒーなどが思い浮かぶかもしれません。

いくつかの書籍やウェブサイトの説明によると、サードウェーブとは、「豆の産地を重視」したり、「豆の個性を引き出す入れ方を追求」したりする動きやカルチャー、ブームであったり、コーヒーの原料を生産者から直接仕入れる「ダイレクトトレード」を特徴のひとつとするアメリカのコーヒー業界のムーブメントであったりします。サードウェーブが現れてきた時期については、1990年代後半からとするものもあれば、2000年以降とするものもあります。

いろいろなことが言われるサードウェーブですが、はっきりしていることがひとつだけあります。この言葉の起源です。米国のロースターズギルド（コーヒー焙煎に携わる人々の任意団体）の会報（The Flamekeeper）2003年春号に掲載されたエッセイの中で、米国人女性のトリシュ・ロスギブ氏がコーヒーについてサードウェーブという言葉を初めて使いました。

そのエッセイで彼女は現代のコーヒーを「ファーストウェーブ」、「セカンドウェーブ」、「サードウェーブ」という切り口でとらえていると述べ、各ウェーブについて次のように説明しています。

ファーストウェーブはコーヒーを大量に販売しようとするコーヒー業者たち。消費を飛躍的に増大させることが使命で、コーヒーの低品質化を招来したといった悪しき面もあるが、コーヒーの包装とマーケティングに革命をもたらしたという評価されるべき面もある。セカンドウェーブは職人気質。彼らがコーヒーの仕事を始めた時期が1960年代後半であろうと1990年代半ばであろうと、原料の産地や焙煎に関心をもつなど共通の傾向がある。しかしスターバックスなど一部は大企業化し、コーヒーの自動化と均質化へと向かってしまった。サードウェーブは、コーヒーを自動化・均質化しようとした一部のセカンドウェーブに対する反動。

ロスギブ氏は当時滞在していたノルウェーでの経験をもとに、そこで知り合った小規模なコーヒー業者（バリスタたちなど）のことを念頭にサードウェーブという言葉を使いました。このエッセイを読む限り、ウェーブという言葉で彼女が表現したかったのはコーヒー業界にいる人やその考え方、行動のあり方であって、決して時代区分やブームのことではありません。

歪められる意味

ロスギブ氏はウェーブという区切り方の着想を米国におけるフェミニズムの展開から得たそうです。

確かに米国のフェミニズム運動は一般的に第一波・第二波・第三波と時代区分されています。第一波は基本的に女性の参政権要求運動で1860年代から1920年代ごろまでになされたもの、第二波は1960年代から、第三波は1990年代からのフェミニズムのムーブメントです。このうち第三波の名前はレベッカ・ウォーカーが1992年に米国の雑誌『ミズ（Ms.）』で「第三波になる（Becoming the Third Wave）」というエッセイを発表したことに由来しています。

時代区分が比較的明確な米国のフェミニズムになぞらえて米国のコーヒー業界を類型化し、

「波」として表現した結果、「サードウェーブ」という言葉は強いインパクトをもち、世界中に広まりました。しかし、「第三の波」という表現自体が思わぬ混乱を招く原因ともなりました。というのも、ファースト・セカンド・サードは序数（順序を表す数）であり、順番だから当然、時期的な前後関係があるという考えが働き、必然的に時代区分へと結びついてしまうからです。「ウェーブ（波）」も一連の高まりが前進しつつ広がっていく動きを強くイメージさせるので、流行やブームなどを連想させてしまいます。

こうした言葉を使ったことで、結局、ロスギブ氏の考え（特にファーストウェーブとセカンドウェーブ）は曲解され、米国のコーヒーの歴史に対する（少なくとも日本での）誤った認識を助長することにもなってしまいました。

日本の書籍やウェブサイトなどを見ると「ファーストウェーブ」は19世紀後半から1970年代ごろまでの時代で、大量生産・大量消費に伴ってコーヒーが米国で日常的に飲まれるようになったことを指すとあります。これを「第一波のコーヒーブーム」とさえ書いている記事もあります。「セカンドウェーブ」は1980年代～90年代で「深煎り」や「シアトル系カフェ」がブームになった時代だという記述が大半です。

こうした説明では、19世紀前半までに米国の家庭にはコーヒーが普及していたことや、19世紀後半になっても米国では生のコーヒー豆を買って自宅で焙煎するのが一般的だったことが見えなくなってしまいます。カネフォーラ種（24ページ）や第二次世界大戦の影響のことも消えてしまいます。ファーストウェーブに区分されてしまう1960年代～70年代にも、深煎り・浅煎りを問わず、米国各地で高品質なコーヒーを取り扱っていた人々が存在したことも無視されます（2000年ごろのノルウェーの人たちが「ウェーブ」なら、1960～70年代の人たちだって十分「ウェーブ」なはずです）。

セカンドウェーブのとらえ方にしても、本来の小規模で職人気質を貫いた人たちまでもが大規模なコーヒーチェーンとともに「シアトル系」といっしょくたにされ、ロスギブ氏の論考の中心にあった一部のセカンドウェーブの変節という見方が完全に抜け落ちてしまっています。

サードウェーブは第三の波ではない

私はサードウェーブという言葉を定義することができず、するつもりもありません。ロスギブ氏の類型化には必ずしも同意できないので、そもそも何らかの現象をロスギブ氏と同じようにひとまとめにして区切ることができないからです。だから私自身はこの言葉を使うことはありません。

しかし、この言葉がこれだけ浸透したのは、単に言葉のインパクトが強かったからではなく、何らかの同時代的な現象を多くの人が認識したからだということは理解できます。実際、小規模なコーヒー業者とは遠く離れた立場にいる人たち（例えばコーヒーの原料を取り扱う巨大な多国籍企業の幹部）でさえ、サードウェーブという言葉を用いるようになっています。

なので、もはや定着してしまったサードウェーブという言葉を今さら否定するつもりはありません。しかし、それが「序数＋波」を意味するならば話は別です。コーヒーのサードウェーブが「三度目」のブームや「三番目」の時代区分であるという主張には異を唱えます。なぜならば、前述のとおり、第三があるならば必然的に第一と第二を設けなければならなくなり、それがコーヒーの歴史に対する認識を大きく歪めることになるからです。

コーヒーのサードウェーブは米国のコーヒーの歴史における第三の波ではありません。なぜならば、そのような意味での第一の波も第二の波もないからです。第三の波がないので、第四の波という意味での「フォースウェーブ」も当然ありません。

サードウェーブの例が端的に示すように、外国から来た考え方を無批判に受け入れてしまったり、（もっと悪いことに）歪めて広めてしまったりする傾向が最近の日本のコーヒー業界には強いように思われます。メディアがコーヒーを熱心に取り上げるようになったこともこの状況に拍車をかけているのかもしれません。

なじみのない言葉とリテラシーの必要性

サードウェーブとはちょっと違いますが、やはりこれまではあまりなじみのなかったコーヒー用語が私たちの身近なところで使われるようになってきています。

例えばコンビニエンスストア。コンビニコーヒーに関する広告で、あるコンビニチェーンは「ウォッシュド方式（水洗式）で精製されたアラビカ豆を100％使用」と謳っています。そのチェーンの店舗の棚には「スペシャルティコーヒー」と銘打ったコーヒー豆がPB商品として並んでいます。別のチェーンのコンビニコーヒーでは、「ナチュラル」や「パルプドナチュラル」、「レインフォレスト・アライアンス認証」の豆を使用と店内に表示があります。

はたして「スペシャルティコーヒー」や「アラビカ」、「ナチュラル」、「レインフォレスト・アライアンス認証」といった言葉は一般の消費者に理解されているのでしょうか。

コーヒーの市場が活況を呈し、さまざまな商品が登場して、消費者の選択肢が増えるのはいいことだと思います。しかし前述のサードウェーブのように情報を伝える側に認識のずれや誤りがあったり、正しい説明もなく名前だけが前面に出てきたりすると、消費者の戸惑いも増えるのではないでしょうか。多様な商品群とあふれる情報に直面して、私たちはむしろ自分がほしいコーヒーやおいしいと感じるコーヒーを選びにくくなっているのではないでしょうか。

こうした中にあって、コーヒーを買う側はもちろん、売る側にもコーヒーに関する情報を読み解く力（リテラシー）が求められていると感じます。私が本書を執筆しようと思った動機もそこにあります。

本書は品質の高いコーヒーを求める人（レギュラーコーヒーを買って家でコーヒーを淹れる人、喫茶店・カフェ・コンビニなどでコーヒーを飲んだりテイクアウトしたりする人）やそういう人たちに商品を提供する側の人たちを主な読者として想定し、その人たちがコーヒーリテラシーを高める一助になることを目指しています。

読んでほしいコーヒー本

本書は理学や工学に関連する記述も若干含んでいますが、決して科学の本ではありません。私は自然科学に関する専門的な教育を受けておらず、コーヒーについて科学的に説明する力量もないことはあらかじめ断りしておきます。

とはいえ、コーヒーに関する情報が氾濫する今日において不正確な情報に惑わされたり騙されたりしないためには、科学的な説明や理解はとても大切だと思っています。残念ながら本書がこの点でお役に立てない代わりに、お勧めの本を2冊ご紹介しておきたいと思います。どちらも有名な本なので、すでに読んだ方もいるかもしれません。

ひとつは石脇智広氏の『コーヒー「こつ」の科学』（柴田書店・2008年）です。平易でわかりやすい文章で書かれていますが、内容は本格的で奥深いので、コーヒーの初心者からプロまで幅広い人が読んで学べる本です。もうひとつは旦部幸博氏の『コーヒーの科学』（講談社ブルーバックス・2016年）です。一般向けに科学をわかりやすく説明した新書シリーズ「ブルーバックス」には飲食物を扱ったものが他にもいくつかありますが、中でも出色ではないかと思います。

本書の範囲

「コーヒー入門」という言葉が書名の一部となっていますが、本書はコーヒー全般についての入門書ではありません。コーヒーの飲用の歴史には触れていませんし、コーヒーのおいしい淹れ方を使用器具別に解説してもいません。おすすめのコーヒーを産地別に紹介しているわけでもなく、焙煎のテクニックを指南しているわけでもありません。一冊の本として完結させるために必要な情報を除き、それらは先行する数多の書籍や雑誌、ムックなどにできるだけ委ねるというのが、本書の基本姿勢です。

ではどんなことを本書で取り上げているのかというと、コーヒーの本質にかかわったり、コーヒーの品質を大きく左右したりするにもかかわらず、あまりに当たり前か地味だったからか、あるいは難しかったからか、これまで他書があまり取り扱わなかったことが中心です。

特にコーヒーの原料ができるまでの工程については他書よりも詳しく述べています。こうした工程は遠い国々で行われ、私たちにあまり身近ではないにもかかわらず、飲み物としてのコーヒーの品質には大きな影響を与えるからです。しかし第1章の後半は技術的な記述も多いので、関心がなければ読み飛ばしてもらって構いません（コーヒーを販売する側の立場の人には読んでもらえたらと密かに思っていますが…）。

第1章を含め最初の3つの章は飲み物としてのコーヒーができるまでについて記述しているので、そうしたことに十分知識がある人や、それほど関心がない人は、いきなり第4章や第5章を読み、必要に応じて前の章に戻るという読み方もおすすめです。

なお、本書に示す見解はあくまでも筆者個人のものであり、筆者の勤める会社のものではないことをあらかじめお断りしておきます。

目次

Chapter2

種子から生豆まで（マクロ編）　105

Chapter3

生豆から飲み物まで 151

Chapter4

スペシャルティコーヒー 195

Chapter5 

本文写真提供：伊藤亮太　　本文デザイン：大下賢一郎

Chapter 1

種子から生豆まで（ミクロ編）

1 コーヒーができるまで

私たちが「コーヒー」と呼ぶ飲み物は、植物加工品の成分を水に溶かした液です。

もう少し詳しくいうと、コーヒーノキという植物の種子を乾燥させたものを加熱した後に粉砕し、その粉を水と接触させてその成分を水に移したうえで、その水から粉を分離してできあがる飲料です（図表1.1）。

「コーヒーノキという植物の種子を乾燥させたもの」を「コーヒー生豆」、略して「生豆」といい、生豆を特定の方法で加熱してできたコーヒー豆のことを「焙煎豆」といいます（生豆は「なままめ」または「きまめ」と読みますが、コーヒー業界では前者の読み方をする人の方が多いようです）。

焙煎豆やそれを粉砕して得られた粉のことを一般に「レギュラーコーヒー」と呼びます。この呼称は「インスタントコーヒー」と区別するために使われるようになりました。インスタントコーヒーは、焙煎豆を粉砕して得た粉と水でいったん液体のコーヒーを作った後、これを濃縮し、何らかの方法で乾燥させ、粉末状にしたものです。焙煎豆を粉砕して得た粉と違って水に溶けることから「ソリュブルコーヒー」ともいわれます。ソリュブル（soluble）というのは「可溶の」という意味です。

この「飲み物としてのコーヒー」ができるまでの流れは大きく前後二つの段階に分けることができます。すなわち、コーヒーの木を栽培して生豆を生産するまでの前半段階と、生豆を加工し最終的に飲み物にするまでの後半段階です。本書では、この前半段階を「生豆生産段階」、後半段階を「コーヒー加工段階」と表現します。本章と第2章では生豆生産段階にスポットライトを当てます。コーヒー加工段階は第3章で取り上げます。

図表1.1　コーヒーができるまで

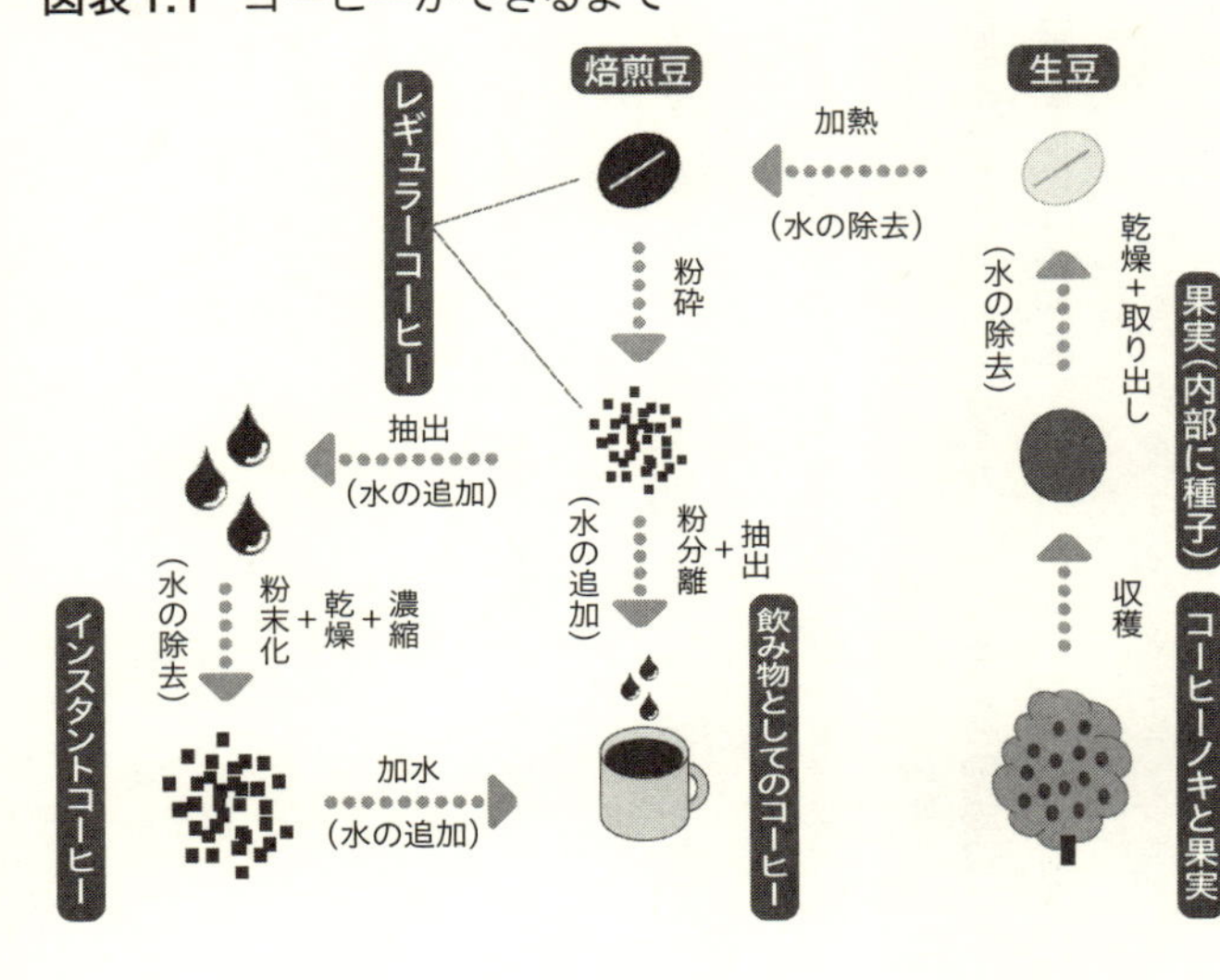

2 コーヒーノキと果実と種子

アラビカ種とカネフォーラ種

私たちがふだん口にするコーヒーに使われているのは、コーヒーノキの仲間（コーヒーノキ属）の中でもアラビカ種（しゅ）かカネフォーラ種に限られます。

この2つの種の間にはさまざまな違いがあります。あくまでも商品作物としてとらえた範囲でもその違いは顕著です（図表1.2）。

両種の間では栽培に適した環境がもともと異なるのですが、たとえ同じ栽培条件で育て、そこから同じように生豆を得て、同じように加工したとしても、まったく違う風味のコーヒーができあがります。コーヒーの風味に影響する要因は多岐にわたりますが、その中でも種の違いは筆頭格といえます（ほかの要因として同様に重要なのは焙煎度ですが、これについては第3章で述べます）。

こうした違いから、私たちは普通、アラビカ種の豆だけを使ったコーヒーか、あるいはそれにカネフォーラ種の豆をブレンドしたもののいずれかを飲んでいます。カネフォーラ種の豆100％のコーヒーは同種の生産地でもない限りほとんど口にする機会はないはずです。カネフォーラ種の生豆は安価であるため、低価格の商品ほどカネフォーラ種を多用する傾向があります。

品種

最近は「種」より下位の分類階級に対応する名前をよく見かけるようになりました。コーヒー専門店の説明にとどまらず、なんと缶コーヒーの表示にまでそうした名前が登場しています。

中でも最頻出なのはティピカやブルボン

図表1.2 アラビカ種とカネフォーラ種の比較

	アラビカ種	カネフォーラ種
できあがるコーヒーの風味	マイルドで豊かな風味。酸味が比較的強い。	麦茶・醤油煎餅のような香ばしさ。苦味・渋味が強い。
商品作物としての性質	耐病性は低いが、耐寒性と耐乾性は比較的高い。栽培に手間がかかる。1本の木からの収量は比較的少ない。	耐病性は高いが、耐乾性と耐寒性は低い。栽培にあまり手間がかからない。1本の木からの収量は多い。生豆価格はアラビカの5〜6割程度。
栽培される場所	熱帯でも比較的涼しく低湿度の場所。緯度にもよるが主に海抜900〜1800m程度。	熱帯。高温多雨多湿で乾季が短い場所。緯度にもよるが主に海抜200〜900m程度。

でしょう。それ以外にもマラゴジペやカトゥーラ、ムンドノーボ、カトゥアイ、パカマラ、SL28、ビジャサルチなどが主だったところでしょうか。ほとんどはアラビカ種の下位階級（亜種や変種、栽培品種など。以下、まとめて「品種」）です。最近有名になったゲイシャもアラビカ種に属します。

カネフォーラ種にもやはり品種があり、ロブスタやコニロンが有名です。ロブスタはカネフォーラの代名詞としても用いられ、しばしば「ロブスタ種」という表現もなされます。「ロブスタ」の名は「力強い」や「頑強な」という意味のrobustに由来するといわれます。少なくともエビのロブスター（lobster）とはまったく関係ありません。

アラビカ種とカネフォーラ種の両方の血筋を引く品種もあります。両種の「いいとこ取り」をしようと作出された品種がほとんどです。アラビカ種からは風味のよさ、カネフォーラ種からは耐病性の高さを受け継いでいます。例えばカティモールやサルチモール、コロンビア、カスティージョ、ルイル11、オバタンがそうです。これらはアラビカ種に分類されますが、カネフォーラ種由来の形質も備えています。

なお本書ではこれ以降、基本的にアラビカ種を念頭に置いて記述していきます。カネフォーラ種について述べる場合は、そのように明示することにします。

コーヒーの果実とその中身

コーヒーの種子はコーヒーの木から直接収穫することができません。図表1.1にも示したとおり、まずは果実を収穫してその中から種子を取り出します。収穫対象として理想的なのは成熟した果実です。というのも、成熟した果実に含まれる種子が飲み物としてのコーヒーの原料としても最も良質だからです。

成熟した果実は球形や楕円体のような形をしています。サクランボに似ていないこともないので「コーヒーチェリー」とも呼ばれます。大きさは品種によっても違いますが、一般的には長い部分の差渡しが15㎜前後です。

カラー写真6（101ページ）は収穫したばかりのコーヒーの完熟果から果皮を上半分だけむいてみた様子です。

下に受け皿のように見えるのが残った果皮です。その上に二つの山のようなものが見えます。この「山」の一つひとつは、実際には楕円体を縦半分に切ったような形をしています（なので、「山」というより、北米のヨセミテ国立公園にある巨大な岩塊「ハーフドーム」にたとえたほうがよいかもしれません）。各々が平たい面を果実の内側のほう、反対側の曲面のほうを外側に向けて、平坦面側でもう一方と接しています。写真ではわかりづらいかもしれませんが、この塊の表面は乳白色をしていて、その光沢からみずみずしい様子がうかがえます。

カラー写真7は新鮮なコーヒーの果実の断面です。写真6でいえば、残った果皮のラインと平行に切断した状態に相当します。果実の大部分を占め、伊達巻きの断面のように見える白っぽい部分が両方とも種子（の横断面）です。種子を覆うのは種子に近い方から順にパーチメント、果肉、果皮です。より専門的には、それぞれ内果皮、中果皮、外果皮と呼ばれます。

写真6で山のように見えたのは果肉の塊ではなく、パーチメントと果肉の一部をまとった種子です。光沢を放っていたのはこの果肉の一部で、ミューシレージ（粘質物）と呼ばれる半透明の層です。

なお、パーチメントの直下には「シルバースキン」と呼ばれる非常に薄い膜があり、種子に付着しています。その一部は、写真7に示すとおり、種子の内面に巻き込まれたようになっています。種子の外面に露出している分は研磨して除去する場合もありますが、付着したままでも実質的な問題はないので、最近はそのままにされるケースが多いようです。

種子のさまざまな形

写真7の種子のように、大きな平坦面を1つ持つ豆のことを「フラットビーン」あるいは「平豆」ということがあります。「平豆」といっても平坦面の反対側は曲面になっているので決してレンズマメのような平べったい豆のことではありません。

コーヒーの種子の大半はこのようなフラットビーン形ですが、そうでないものもあります。同じ木に由来しながらも形が違う豆ができることがあるのです。そのひとつは、「ピーベリー」あるいは「丸豆」と呼ばれるタイプです。果実の中で種子の一方が成長せず、他方がその分、果実の内部空間を占めて成長する場合に生じます。こうなると種子はあの特徴的な平坦面を形成せず、まるで米俵やアズキのようなコロコロとした形になります。フラットビーンに比べ小さいものが多く、その意味でもアズキによく似た外観です。

1つの果実の中に3つ以上の種子が生じることもあります。個々の種子がそれぞれ自分のパーチメントを持つ場合、一部の種子は平坦面を2つと曲面を1つ持つ、まるでミカンの房のような形になります。断面が半円ではなく三角形に近いので、これに由来する生豆を「トライアングルビーン」と呼ぶこともあります。トライアングルビーンもフラットビーンより小さく、細長い場合がほとんどです。

1つのパーチメントの内側に2つ以上の種子が抱き合うように成長するケースもあります。

こうしてできる種子の集合体を構成する個々の種子は相互に切り離し可能で、一方は貝殻のような形、他方は耳たぶのような形をしています。そのため、シェル（貝殻豆）などと呼ばれます。

これに対し、集合体の方はエレファントビーンやマザービーンなどと呼ばれます。エレファントビーンの形は同じ果実の中で育った相方によって異なります。相方がフラットビーンならエレファントビーンもフラットビーンのようになりますし、相方が育たないとピーベリーのようになります。なので「エレファントピーベリー」も存在します。ごく稀ではありますが……。

成熟に伴う果実の変化

写真6と7で示されているコーヒーの果実はいずれも完熟したものです。

この状態の果実の中にあるミューシレージはパーチメントに固く付着しつつも水分を含んで弾力があり、ぬめぬめしています。そのおかげで完熟果は軟らかく、果皮も簡単にむくことができます。しかし、未熟な果実ではミューシレージがなく、パーチメントの表面はパサパサしていますし、果実全体にも弾力が少なく果皮も硬い状態です。このため皮をむこうとしてもかなり苦労します。

コーヒーの果実の熟度はこうした触感だけでなく外観でも判断することができます。未熟な果実の果皮は濃い緑色をしていますが、一定の熟度に達すると次第に緑色がうすくなって黄みを帯び始め、暖色系の色が次第に支配的になっていきます。

熟度がピークにさしかかると、多くの品種では果皮の全面が赤や深紅になります。ただし、熟しても果皮が赤くならず、黄色にとどまる品種やピンク色、オレンジ色に変わる品種もあります。

中でも黄色に熟する品種は一般的で、特にブラジルでは好んで栽培されています。例えばブルボンアマレロやカトゥアイアマレロ（それぞれ「黄色いブルボン」、「黄色いカトゥアイ」の意）がそうした品種です。念のため付け加えておくと、熟したときの果皮の色の違いはパーチメントや生豆の色には影響しません。

余談ですが、ブルボンアマレロからとれる生豆を「希少黄金豆」と称した缶コーヒーがありました。素直に解せば「希少で黄金色のコーヒー豆」ですが、前述のとおり、ブルボンアマレロは一般的な品種ですし、生豆の色は通常の生豆と同じです。そういう意味で、「希少黄金豆」は極めて誤解を招く表現だったと思います。

3 いろいろなコーヒー

図表1.1に示したとおり、コーヒーにはさまざまな姿があります。単に「コーヒー」といった場合、飲み物としてのコーヒーを指すことがおそらく最も一般的ですが、「レギュラーコーヒー」や「インスタントコーヒー」のように、飲み物だけではなくその原材料や派生物も「コーヒー」と呼ばれます。

そうした飲み物以外の「コーヒー」のうち、本書で頻繁に登場するのが、「チェリーコーヒー」や「ハスクコーヒー」、「パーチメントコーヒー」です。これらの定義は図表1.3にあるとおりです。

なお、この3つの「コーヒー」の用法は国際標準化機構（ISO）が定めているコーヒー関連規格のひとつ、ISO 3509:2005 に準拠したものなので、本書を離れても使えます。覚えておくと役に立つかもしれません。

いろいろな「コーヒー」が登場して混乱しそうですが、そうせざるをえないのは、コーヒーという言葉が多義的だからです。この言葉が指すものは多岐にわたります。その範囲は、原料

図表1.3 さまざまなコーヒー

用語	意味(注)
コーヒー	コーヒーノキ属（通常は栽培種）の植物の果実と種子、それらから得られる製品であって、さまざまな加工・使用段階にあり、人による消費を目的とするものをいう。国際コーヒー機関（ICO）でもほぼ同様に定義している。
チェリーコーヒー	コーヒーノキの果実であって、収穫済みではあるが、まだ乾燥していないもの。
ハスクコーヒー	コーヒーノキの果実であって、乾燥したもの。コーヒーノキの種子をハスク（乾燥して一体化した果皮・果肉・パーチメントの層）が覆っているものということもできる。ICOでは「ドライチェリー (dried cherry)」と呼ぶ。
パーチメントコーヒー	コーヒーノキの種子をパーチメントが覆っているもの。
生豆 （グリーンコーヒー）	コーヒーノキの種子であって、乾燥が施されており、その周りを覆うものが取り除かれていて、飲み物としてのコーヒーの原料として取り扱われるもの。
焙煎豆（ロースティッドコーヒー）	生豆を焙煎したもの。
レギュラーコーヒー	焙煎豆およびそれを粉砕して得られる粉。粉のほうはロースティッド・アンド・グラウンド（R&G）コーヒーともいう。
インスタントコーヒー	焙煎豆の成分が溶け込んだ水を乾燥させて得られる固形状のコーヒー。ソリュブルコーヒーともいう。

注：主にISO 3509：2005の定義に準拠した。

を生み出す植物の「コーヒーの木」に始まり、そこから収穫されるものやそれを加工したものにまで及びます。

再び余談ですが、こうした言葉の多義性にもコーヒーという嗜好品の特徴が表れているのかもしれません。コーヒーは今でこそ世界で最も普及した飲み物のひとつですが、その普及は大半の社会にとって比較的最近のできごとです。利用法も乾燥した種子を加熱して得られた成分を水に溶かして飲むという形にほぼ限定されます。

これに対し、私たちに古くからなじみのある農産加工品であって、さまざまな目的に利用されるものの場合、通常は製品と原材料には別の名前が付いていて、ときにはそれを生み出す植物もまた別の名前で呼ばれます。

その最たる例は米製品です。製品の名前は飯や粥、餅、酒などですが、原材料は米、それを生み出す植物は稲と呼び分けられます。ワインやビールも同様で、原料やそれを生み出す植物はそれぞれブドウ、大麦（モルト）と呼ばれます。

一方、茶も古くから利用されている植物ですが、用途はもっぱら飲用です。そのためか、茶樹や茶葉、荒茶などコーヒーの場合と似たような言葉づかいが見られます。

4 生豆生産現場の施設

さて、ここからは生豆がどのように生産されるのかを時系列順に見ていきましょう。

本章では特定の生産者の具体的な事例ではなく、一般的な方法や流れを生産現場の施設と絡めて概観します。ただし、現場の施設といっても、水道や道路、港湾施設などの汎用施設・インフラは除外し、主な専用施設に限定します。それらは苗圃（びょうほ）、圃場（ほじょう）、ウェットミル、乾燥場、貯蔵庫、ドライミルです（図表1.4）。「施設」も規模の大小にかかわらず特定の機能を有する場所を指すものとします。

苗圃はナーサリーとも呼ばれ、種床や苗床などがある場所です。圃場は平たく言えば畑のことです。

ウェットミルはチェリーコーヒーを処理・加工し、ドライミルはハスクコーヒーやパーチメントコーヒー、生豆を処理・加工するための施設です。

乾燥場はチェリーコーヒーやパーチメントコーヒーの水分を減らすための施設です。ウェットミルに併設された乾燥場はウェットミルの一部と位置づけている生産者もいます。

図表1.4　生豆生産の工程と施設

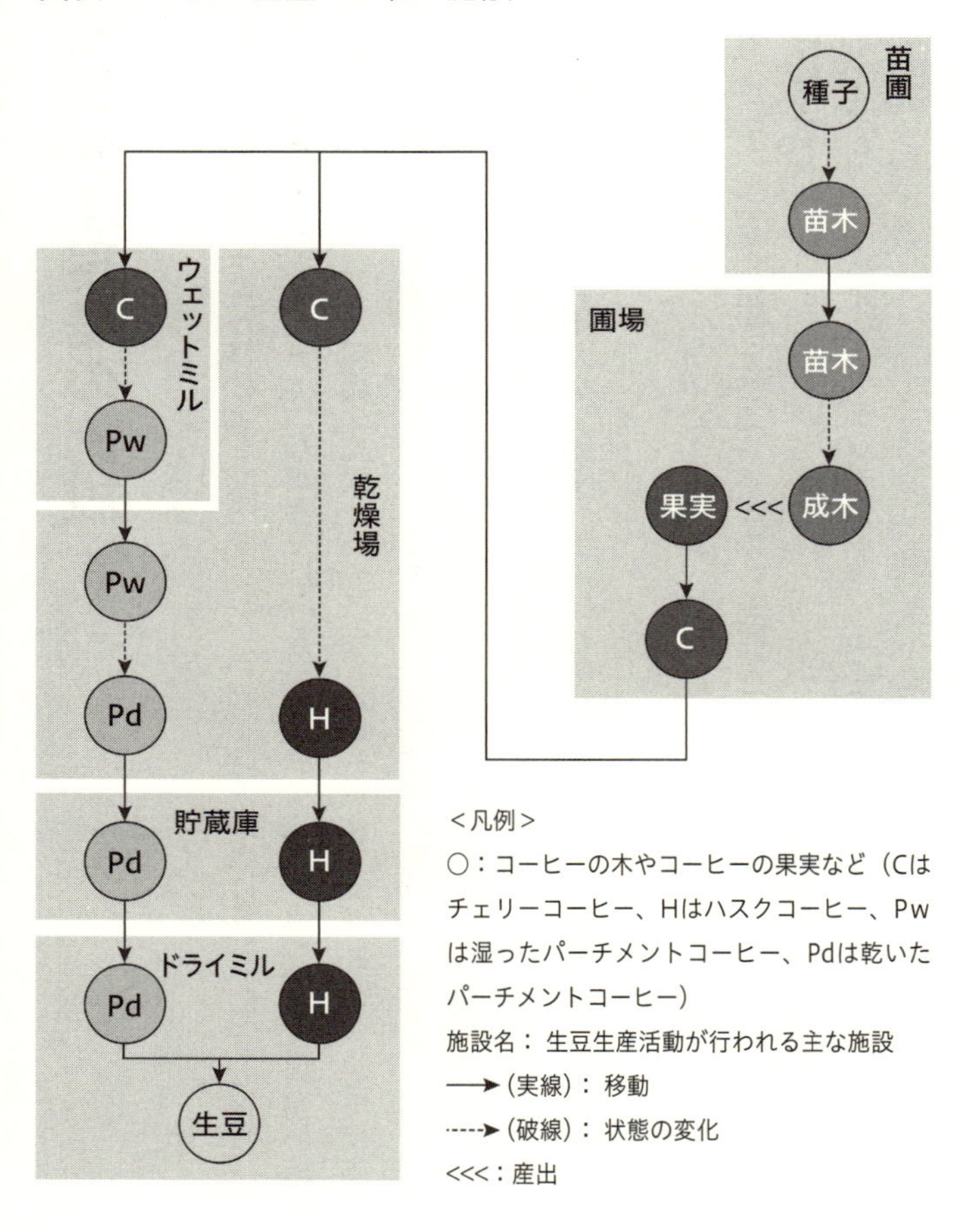

貯蔵庫はハスクコーヒーやパーチメントコーヒーをドライミルでの処理・加工まで貯蔵しておくための施設です。

なお、ウェットミルやドライミルの「ミル」は私たちがコーヒー豆を挽（ひ）くときに使うミル（グラインダーともいいます）と同じ言葉ですが、ウェットやドライと組み合わされた場合は特定の機械や器具を指すのではなく、それらが設置されている施設全体を意味します。ミルはもともと穀物の製粉所や木材の加工場を指しますが、コーヒーでも使われるようになりました。ただし生豆生産の現場で単にミルというと普通はドライミルのことを指します。ウェットミルのことを単に「ファクトリー」と呼ぶ地域もあります（ケニアなど）。

生豆の生産は本来、こうした各種の専用施設や関連施設をつくることから始めなければならないのですが、本書では、それらがすでに存在し、利用可能であることを前提として話を進めます。

5 栽培

コーヒーの場合、栽培とはコーヒーの木を育て、果実を実らせることを指します。そのためにコーヒーの木そのものに働きかけたり、その周囲の環境に働きかけたりします。

栽培は、コーヒーという飲み物の原料として生豆にどのような潜在的可能性がどこまで生じるかを左右する重要な工程です。

精製（後述）や抽出（第3章）、飲用の段階でもコーヒーの風味を変える要素を付加することはできます。しかし、それを除けば、コーヒーの風味は栽培段階で種子の中に生み出された成分とそれが変化したもので成り立ちます。その意味で、特定のコーヒーが到達できる品質の上限はこの段階で決まってしまうといえます。後の工程における働きかけではそれを超えることはできません。

アラビカ種は普通、種子から育てられます（一方、カネフォーラ種は接ぎ木や挿し木で増やすことが多いようです）。種子が発芽してから若木が初めて実を付けるまで3年程度要します。完全に成木といえる状態になるまでさらに1年程度を要するようですが、成木になってからも成長が続き、基本的に毎年、実が付きます。

こうした植物としてのコーヒーのライフサイクルに対応し、コーヒーの栽培は大きく二つの段階に分けることができます。

一つは繁殖段階で、もう一つは生産段階です。

繁殖段階

繁殖段階では、種子を播(ま)いて発芽させ数カ月から1年程度かけて苗木を育てていきます。栽培のこの段階は通常、苗圃で行われます。発芽した幼苗から健康なものを選抜し、別の区画や容器に植え替えるなどしてさらに栽培を進めています。この先も優良な個体が段階的に選抜されていき、圃場に移植するものが絞り込まれます。

生産段階

生産段階では、苗木を成木に育て上げ、その健康を維持し、長期にわたって成木に果実を生産させます。そのために、肥料の施用や土壌の保全（除草など）、日照の調節、枝や幹の剪定(せんてい)、灌水(かんすい)（水やり）、病害虫への対策といった作物の維持が継続的に行われます。

栽培のこの段階は圃場（フィールド）で行われます。苗圃とは別の場所です。場所が違う理由は、活動の内容や時期の違いだけではありません。コーヒーの木は種子から成木にいたる各段階で適切な環境条件（温度や湿度、日照など）が異なることも理由です。

コーヒー生産者と呼ばれる人たちが規模の大小にかかわらず必ず持つのはこの圃場、すなわちコーヒーの木に果実を生産させる畑です。苗圃については、自ら有している者もいれば、自分では持たずに他所から苗木を入手する者もいます。

6 収穫

収穫も圃場で行われます。コーヒーの果実はコーヒーの木の枝の節の部分にいくつかまとまって実りますが、圃場全体としてみれば個々の木に分散して存在しています。果実を木から分離し、チェリーコーヒーとしてまとめていく作業が収穫です。

完熟した果実から得られる生豆が最も高品質と考えられているため、果実の収穫は完熟の時期を中心に行われます。完熟した果実を収穫できる時期が通年に及ぶ地域もありますが、一部の時期に限定される地域の方が一般的です。収穫期は他の時期に比べて格段に人手を要するので、農園が最も活気づく期間です。

コーヒーのテレビ・コマーシャルには、緑の葉が茂る木々の間に人々が分け入ってコーヒーの果実を摘み取る風景がよく登場します。そこでは作業者がコーヒーの木の枝から果実を1粒ずつ手摘みしています。

そのような収穫方法も実際にあり、多くの地域で行われていますが、コーヒーの果実の収穫方法は他にもあります。むしろ、別の方法で収穫される方が多いかもしれません。1粒ずつの手摘みが唯一の方法と誤解している人もいるかもしれないので、少し細かくはなりますが、主な収穫方法を説明しておきます（カラー写真9）。

手摘み

果実を1粒ずつ手作業で収穫していく方法です。収穫作業者は果実の色や触感を頼りにその熟度を判断し、一定の熟度に達している果実だけを手で摘み取ります。摘み取った果実は自分が身に着けている袋やバスケットなどの容器にそのまま入れられます。

非常に手間のかかる作業で、単位時間あたりの収穫量という観点では、決して効率がよいとはいえません。枝に実る果実の熟度が揃っていないことも多いので、収穫期中に同じ木に対し2回、3回と収穫作業を行うことも普通です（10回も収穫作業が行われることもあるようです）。

しかし、この方法には生豆の品質上、大きなメリットがあります。収穫された果実の熟度とその均一性が高いことです。

一般に、果実がよく熟していると、その中の種子は良好な風味の元になる成分を多く含む一方、好ましくない風味の元になる成分をあまり含まない傾向があります。したがって、熟度の高い果実だけを選んで収穫することは生豆の品質を高いレベルでそろえることに直結します。
選択的な収穫は圃場で行う生豆の選別ともいえます。
完熟した果実を1粒ずつ摘む収穫法はアラビカ種を湿式精製（後述）で処理する地域で伝統的に行われてきました。

ストリッピング

枝に付いている果実を熟度にかかわらず手で一気にしごき落とす方法です。ミルキングともいいます。枝の根元から先端へと作業者が自分の手をたぐり寄せる様子が搾乳を思い起こさせるため、この別名があります。枝から離れた果実は一緒にもぎ取られた葉や小枝などとともに地面に落下するので、後でまとめて回収します。

同じ枝になっている果実は熟度にかかわらずすべて回収されてしまうため、どの時点で収穫作業を行うかにより収穫物全体の熟度に違いが出ます。理想的には、木になっている果実のうち、未熟なものの割合が5％以下になったときが収穫のタイミングだといいます。

しかし、そのころには過熟になった果実や樹上ですでに乾燥が始まった果実も存在するので、いずれにせよ収穫物の熟度の均一性には乏しい収穫方法です。これを少しでも補うため、同じ木の中でも完熟果の割合が高い枝だけに作業を集中して、後日、別の枝に取り組む、といった工夫がなされる場合もあります。

ストリッピングによる収穫はアラビカ種のコーヒーを乾式精製（後述）で処理する地域やカネフォーラ種を栽培する地域でよく行われます。

機械収穫

以上の二つの収穫方法はいずれも人手によるものでしたが、機械を使った収穫方法もあります。

起伏が少なく広い農地で主に用いられるのが自走式あるいはトラクター牽引式の大型収穫機です。全方位にピンが突き出ているヘアブラシを垂直に立てたような形状をしたヘッドが1本または2本装備されています。このヘッドをコーヒーの木に横から当てて振動させると、木全体が震え、完熟して枝から離れやすくなっているものを中心に果実が落下します。収穫機は木をゆすりながら圃場の中を木の列に沿って移動していきますが、ヘッドもそれに合わせてゆっくり回転します（そのため全方位にピンが突き出ています）。

木全体が激しく震えるので荒っぽそうに見えますが、木へのダメージは見た目ほどではないようです。枝から果実をむしり取るわけではないので、ストリッピングよりは選択度の高い収穫方法です。

収穫作業者が携行できる収穫機も開発され、実用化されています。その姿はまるで熊手のようで、複数の細い棒が竿の先端に付いています。

熊手と違うのは、モーターの動力で先端部の棒が振動することです。この先端部で木の表面を上下になぞるようにすると、枝から果実がどんどん離れていきます。枝から離れて落下した果実は後でまとめて回収します。

携行収穫機は大型の収穫機が入れないような急峻な場所でも使え、ストリッピングよりも選択度も生産性も高いという利点を備えています。とはいえ、収穫した果実の熟度の均一性という意味では手摘みに遠く及びません。

7 精製の概要

コーヒーの果実を収穫して得たチェリーコーヒーは乾燥場かウェットミルへと運ばれます。ここからがコーヒーの収穫後処理で、チェリーコーヒーに含まれる不要なものを段階的に取り除き、生豆を得て、最終的に商品へと仕上げていく一連の工程から成り立ちます。

その過程で工程の実施場所は乾燥場またはウェットミルから貯蔵庫、ドライミルへと移っていきます。本書では、この収穫後処理のことを一括して「精製」と呼びます。

チェリーコーヒーに含まれる「不要なもの」は少なくとも二つあります。一つは種子を覆うもの（被覆物）で、もう一つは余分な水分です。ここでいう水分とは、種子そのものに含まれる分と果肉などそれ以外の部分に含まれる分の両方を指します。すなわち、不要なものを取り除くとは、被覆物と水分を除去することです。水分の除去は乾燥ともいいます。

被覆物除去・乾燥の方法は大きく分けて二つあります。乾式と湿式です。前者は乾燥を先にしてしまってから被覆物の除去を後で行うというシンプルな方法です。後者は一部の被覆物を取り除いてから乾燥を行い、その後で残りの被覆物を取り除くという少し複雑な方法です。

飲み物としてのコーヒーの風味に違いを生み出す要因として種や栽培をすでに挙げましたが、精製もそうした要因のひとつです。すなわち、同じ種を同じように栽培しても、精製の進め方が違うと、飲み物としてのコーヒーの風味が変わるのです。

「はじめに」の中で触れたとおり、コンビニコーヒーの売り文句にも「ナチュラル」や「ウォッシュト」という表現が使われています。これらの表現は、精製の進め方にもとづいて生豆を区別する名前です。精製に関する表現がコーヒーの生産現場だけでなく消費者に対しても使われるのは、コーヒーの風味を予想する手がかりになるからです。

その意味で、精製についての知識はコーヒー選びの際にも役立ちますし、最近は多用されるようにもなってきたので、詳しく見ていくことにします。

乾式精製

乾式精製は図表1.4でいうと圃場を出た後の右の経路をたどります。すなわち

(1)チェリーコーヒーを乾燥場でそのまま乾燥させてハスクコーヒーにする
(2)ハスクコーヒーを貯蔵庫でしばらく貯蔵する
(3)ハスクコーヒーをドライミルに持ち込み、固く一体化している被覆物（ハスク）をすべて一

気に取り除いて生豆を得る
という流れです。

チェリーコーヒーの水分を減らす方法としては天日による乾燥（天日乾燥）が多用されますが、人工的な熱源による乾燥（機械乾燥）も行われます。前者の後に後者を行う形で両方を組み合わせた乾燥も行われます。天日乾燥だけであれば、チェリーコーヒーの乾燥には、天候によって、2週間弱から3週間程度かかります。

チェリーコーヒーは乾燥工程に投入される前に粗選別にかけられることもあります。粗選別では、ふるいや風、水の浮力などを活用します。

ハスクコーヒーの貯蔵は「レスティング」や「キュアリング」と呼ばれます。前者は「休息」、後者は「治癒」という意味です。この間にハスクコーヒーどうしの間に残る水分のバラつきを減らし、状態を安定化させます。

湿式精製

湿式精製は図表1.4でいうと圃場を出た後の左の経路をたどります。すなわち
(1)収穫したばかりのチェリーコーヒーをウェットミルに持ち込んで、果皮・果肉が軟らかいう

ちに取り除きパーチメントコーヒーにする
(2)パーチメントコーヒーを乾燥場で乾燥させる
(3)乾燥したパーチメントコーヒーを貯蔵庫でしばらく貯蔵する
(4)パーチメントコーヒーをドライミルに持ち込み、残りの被覆物であるパーチメントを取り除いて生豆を得る

という流れです。

ウェットミルで果皮・果肉を取り除く前にチェリーコーヒーを粗選別にかけるのが一般的です。その際、ふるいや風、水の浮力などを活用します。

続けて専用の機械（パルパー）で果肉を除去します。熟度が高く新鮮なチェリーコーヒーに外から力をかけるとミューシレージ付きのパーチメントコーヒーが果皮を破って外に飛び出してきます。このときに必要な力は弱く、人が指でつまむ程度の力で十分です。湿式精製ではこの性質を利用してパーチメントコーヒーを得ています。

パーチメントコーヒーの水分を減らす方法としては天日乾燥も機械乾燥も行われます。前者の後に後者を行う形で両方を組み合わせた乾燥も行われます。パーチメントコーヒーを覆う果肉の大部分がすでに取り除かれているので、乾燥にかかる時間は乾式の場合よりも短縮されま

す。天日乾燥の場合、天候にもよりますが、5日から2週間ほどです。

その後、パーチメントコーヒーでもレスティングが行われます。

ウォッシュトとアンウォッシュト

ナチュラルやウォッシュトは精製方法にもとづく生豆の区別であると述べました。前者は乾式精製で得られた生豆のことを指し、後者は湿式精製で得られた生豆のことを指します。

ウォッシュト（washed）は「洗った」という意味です。チェリーコーヒーから取り出したパーチメントコーヒーの表面にはミューシレージが強く付着しています。これを除去するため、伝統的な湿式精製ではまず発酵によってミューシレージを分解させ、次にこの分解物を洗い流すためパーチメントコーヒーを水洗いします。この水洗いがウォッシュトという呼称の由来です。

一方、乾式精製ではパーチメントコーヒーの状態を作らないため、当然、それを水洗いする工程も含まれません。この点にもとづく呼称が「アンウォッシュト」です。ナチュラルと同義で、乾式精製で得られた生豆を指します。アンウォッシュト（unwashed）とは「洗っていない」という意味で、ウォッシュトに対置される表現です。ウォッシュトには「水洗式」、アンウォッシュトには「非水洗式」という訳語が充てられています。

「ナチュラル」「ウォッシュト」という言葉への誤解

ところで、このナチュラルやウォッシュト（あるいは水洗式）という言葉には、その意味について誤解があるようにも見受けられます。

ナチュラルというと何か自然に優しいとか、人工物を使わずに作ったかのような響きがあります。例えばワインの場合、この言葉はそうした意味で使われています。「ナチュラルワイン」は「自然派ワイン」と訳され、原料ブドウの有機栽培や天然酵母の使用、酸化防止剤の無添加などの特徴があります。しかし、コーヒーにおいてナチュラルは「乾式精製で得られた」という意味しか持ちません。どのように栽培されたかや、精製時の環境への負荷がどの程度か、といったことにはまったく無関係です。

ナチュラルを天日乾燥されたコーヒーだと誤解している人もいます。しかし、乾燥に機械を使っても乾式で精製されていればナチュラルです。こうした誤解が生じたのはナチュラルを「自然乾燥式」と訳してしまう場合があることに関係しているのかもしれません。

ウォッシュトあるいは水洗式も生豆を水洗いするものと勘違いしている人もいるようです。

水洗いされるのはあくまでもパーチメントコーヒーであって、生豆ではありません。

精製にもとづく風味の違い（一般的傾向）

精製の進め方が違うと飲み物としてのコーヒーの風味が変わると述べましたが、乾式と湿式ではどのような風味上の違いがあるのでしょうか。

一般的な傾向でいえば、乾式のコーヒーの風味は穏やかな酸味と重めで滑らかな口あたりを特徴とするのに対し、湿式は強めの酸味と軽めの口あたりを特徴とします（ただしこれは同じ品種を同じ環境で同じように育てて得られた生豆を同じように焙煎するといった前提での話です）。

少し乱暴なたとえですが、ワインでいえば、ナチュラルは「赤」、ウォッシュトは「白」のようにとらえてもいいかもしれません。

こうした精製の違いによるコーヒーの風味の違いがどこから来るのかというと、精製の前半段階で種子を取り巻く環境の違いです。ここでいう前半段階とは、果実の収穫から種子が乾くまでの間のことです。図表1.4でいうと、乾式の場合はチェリーコーヒー（C）がハスクコーヒー（H）になるまでの間、湿式の場合はチェリーコーヒー（C）が乾燥したパーチメントコーヒー（Pd）になるまでの間です。

乾式の場合、種子は果実の中で厚い被覆物に覆われたまま乾燥していきます。これに対し湿式の場合、収穫後すぐに果肉の大部分が取り除かれ、パーチメントコーヒーの状態で外部の水に接触します。乾燥の際も種子と外界とを隔てるのは薄いパーチメントだけです。このため、種子と外部との間のやり取りにも乾式と湿式で違いが出ます。これが最終的にコーヒーの風味の違いとなって現れるのです。

パルプトナチュラルやハニー、スマトラ式の豆の風味

ところでこれまで説明してきた伝統的な湿式精製の前半段階では、ミューシレージを発酵によって分解し、水洗によって除去した後にパーチメントコーヒーを乾燥させていました。このような方法で得られた生豆のタイプをフーリーウォッシュト（fully-washed）ということがあります。

しかし湿式精製の中には、これとは異なる前半段階の進め方をするものもあります。中でもよく耳にするのが、「パルプトナチュラル（pulped-natural）」や「ハニー（honey）プロセス」、「スマトラ式」です。

乾式と湿式（パルプトナチュラルとスマトラ式を含む）の前半段階の一般的な流れを図表1.5にまとめておきます。

パルプトナチュラルやハニープロセスはミューシレージの全部または一部を残しながらパーチメントコーヒーを乾燥させる方法です。

この方法を用いると、できあがるコーヒーの風味はナチュラルと伝統的なウォッシュト（フーリーウォッシュト）の中間的なものになる傾向があります。すなわちウォッシュトよりは発酵系の香りが強くなり、口あたりも重めになる一方、酸味はナチュラルよりも強い、といった感じです。

パルプトナチュラルやハニープロセスが最近普及してきたのに対し、スマトラ式は伝統的に用いられてきた湿式精製の一種です。その名のとおりスマトラ島などインドネシアの一部の地域で行われています。

果肉除去後にミューシレージを発酵させて分解し水洗いして除去するところまではインドネシア以外で行われる伝統的な湿式と変わりません。

スマトラ式が特徴的なのはその後です。パーチメントコーヒーがまだ生乾きのうちに乾燥をいったんやめてしまうのです。生乾きのパーチメントコーヒーは大きなプラスチックの袋など

図表1.5 精製の前半段階のさまざまな進め方

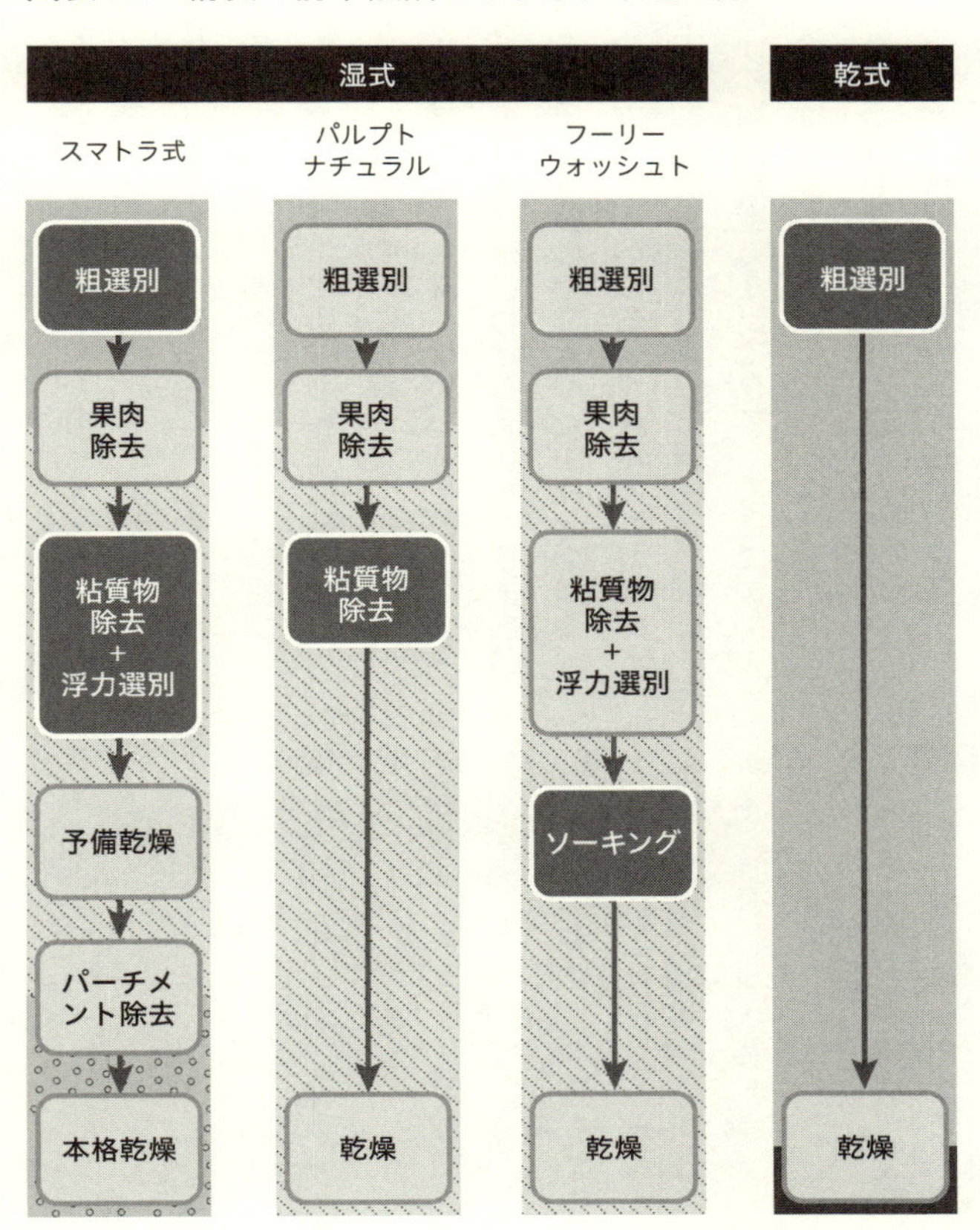

に入れて貯蔵したり運搬したりします。その後、パーチメントの内側の種子が生乾き状態のうちにパーチメントを除去し、種子そのものの状態にしてから本格的な乾燥を行います。

スマトラ式のコーヒーは独特な風味を醸し出します。良質なものには森の湿った土、新鮮なスギ材やヒノキ材、なめし革、ときにはビターアーモンドを思わせる風味があります。

プラスチック袋の中に入った生乾きのパーチメントコーヒーのにおいを産地でかがせてもらったことがあります。袋を開けると中から温かく湿った空気が出てきて、まさにスマトラ式のコーヒーに特有な湿った森の土のようなにおいがしました。湿ったパーチメントコーヒーがこの状態で数時間から数日を過ご

図表1.6　精製による風味の違い（一般的傾向）

	乾式〈ナチュラル〉	湿式〈フーリーウォッシュト〉
味	酸味が弱め	酸味が強め
香り	チョコレートやウイスキー、味噌などの発酵系食品やベリー系果実のジャム、スパイスなど（高地産のコーヒーに顕著）	焙煎度によるところが大きい
口あたり	重め、なめらか	軽め、さらり

ミューシレージが付着したままパーチメントコーヒーを乾燥させる方法（パルプトナチュラルなど）は形態的には湿式に分類されるが、風味の面では乾式と伝統的な湿式（フーリーウォッシュト）の中間に位置づけられる。スマトラ式も湿式の一種だが、風味は他の湿式とかなり異なる。切り出したばかりの木材やなめし革、森の湿った土、ときにはビターアーモンドのような独特の香りがある。これはそのユニークな精製過程によるものではないかと思われる。

すことがスマトラ式の独特の風味につながっているのだろうと個人的には考えています。

いろいろな精製方法が出てきたので、ここで精製方法ごとにコーヒーの風味の一般的傾向をまとめておきます（図表1.6）。

精製に由来する名称の乱立

前出のハニープロセスについては、「イエロー」や「レッド」、「ブラック」といった言葉を冠して細分化することも最近は見受けられます。ミューシレージをどれだけ残すかやパーチメントコーヒーをどうやって乾燥させるかによって乾燥後のパーチメントコーヒーの表面の色が変わるため、このような表現があります。

精製に関する表現が多すぎてもうよくわからないと思われるかもしれません。無理もないことです。精製に関する表現はコーヒー業界内でも実はきちんと整理されてこなかったところに、新しいものがどんどん登場してきて、混沌とした状態になりつつあるからです。

好みのコーヒーを選んだり、コーヒーをおいしく楽しんだりする範囲では、「イエローハニー」とか「レッドハニー」とかいった細かいことはあまり気にする必要はないでしょう。こうした表現や説明に出合ったら、「湿式精製で得られた生豆だな。パーチメントコーヒーを乾燥させるときにミューシレージをある程度残したみたいだから、発酵系の香りが少しあるかもしれないな」と大まかにとらえれば十分だと思います。

精製方法に関するさまざまな名前や表現がこれからも新たに登場してくるでしょう。それでもここまでに述べた基本的な工程やそれらの流れを押さえておけば、そうした「新しい」精製方法がどんなものなのか大まかに理解するのは難しくないはずです。

果実の中にある状態でコーヒーの木の枝から離れた後、乾燥までの時間を種子がどのように過ごしたのか。精製による風味の由来や違いの原因はそれに尽きます。その本質を押さえておけば、さまざまな精製の方法や言葉が出てきても振り回されずに済むはずです。

好みのコーヒーを選ぶという意味では、精製に関する知識は以上で十分だと思います。

本章の残りの部分は精製の仕組みや技術に関する詳しい説明です。そうしたことがらに踏み込んで説明をした日本語の書籍は私の知る限りないので、取り上げることにしました。そうしたことにあまり興味がない場合は読み飛ばして第2章に進んでもかまいません。

8 【精製の詳細】乾燥・貯蔵まで

水分を除去する理由：保存性・輸送性の向上

水分は精製において種子から取り除くもののひとつであると述べました。では、種子からはどれほどの水分が取り除かれるのでしょうか。成熟したコーヒーの果実の中にある種子に水分が占める重さは全重量の50％（果実全体ではもっと多く約65％）に達します。一方、生豆として仕上がったものの水分は10％程度です。すなわち、生豆の水分は当初の5分の1程度になっており、元の水分の5分の4は取り除かれていることになります。

ではなぜこのように水分を減らすのでしょうか。その理由について考えてみましょう。すぐに思いつく理由は輸送性と保存性の向上です。

水分が多いということはそれだけ重量や体積が大きいということも意味します。このままだと運搬にも貯蔵にも不利です。水分を減らすことで、重量も体積も減らすことができ、輸送や貯蔵がしやすくなります。

また、チェリーコーヒーや果肉除去直後のパーチメントコーヒーを水分の多いまま常温で放置しておくと、果肉やミューシレージが腐ったりカビを生じたりして、内部の種子もその影響を受けてしまいます。種子自体に過剰に水分が残っていても、カビの発生を招くなど、やはり劣化の原因となります。

しかし果肉やミューシレージ、種子自体の余分な水分を適度に速やかに減らせば、腐敗やカビの発生を防ぐことができ、種子への悪影響や種子自体の変質を防ぐことができます。適切な温度の下で生豆の水分を10％前後に維持できれば、生豆は安定した状態で比較的長期間保存することができるようになります。

なお、誤解のないように付記しておきますが、乾燥にかける時間は短ければ短いほどよい、というわけではありません。急速すぎても品質上の問題が生じます。このため腐敗やカビの発生などを防ぎつつ、ゆっくり乾燥させることが高品質な生豆の生産を目的として最近は試みられるようになってきています。

水分を除去する理由：加工性の向上

水分を減らすことにはほかにも理由があります。加工性の向上です。端的にいうと、乾燥させることで被覆物が除去しやすくなるということです。これには少し説明が必要かもしれません。

カラー写真8（101ページ）を見てください。左は完熟したチェリーコーヒーの断面です。一方、右は2週間ほど天日乾燥させたハスクコーヒーの断面です。

左の方は内容物がぎっしりと詰まっているのがわかります。前述のとおり、この状態で外圧をかけるとミューシレージが潤滑剤のような働きをしてパーチメントコーヒーが果皮を破って外に出てきます。すなわち、チェリーコーヒーの場合、分離の境界面は内側の果肉（ミューシレージ）と外側の果肉の間にあります。

果肉除去機にはさまざまなタイプがありますが、共通しているのは、だんだん狭くなっていく隙間にチェリーコーヒーを追い込み、そこで高まる圧力を利用して果皮・果肉をむき、対象物の大きさや軟らかさ（変形のしやすさ）を利用してパーチメントコーヒーとその外被とを分離するという点です。

一方、右の方には隙間が認められます。この隙間の内側にあるのが種子で、外側にあるのがパーチメントです。果実全体から水分が奪われると、パーチメントの外側にある果皮・果肉（ミューシレージを含む）は収縮します。水分を失う前に潤滑剤のような働きをしていたミューシレージが今度は接着剤のような役割を果たし、果皮・果肉をパーチメントと固く結びつけています。

果実の最奥にある種子も水分を7割程度失って、収縮しています。一方、パーチメント自体はあまり収縮しません。この結果、種子とパーチメントの間に隙間が生じます。

この状態で種子の被覆物を破るような働きが加わると、種子とそれ以外の部分に分離することができます。すなわち、ハスクコーヒーの場合、主たる分離境界面は種子とその外被の間に存在します。

写真8右はハスクコーヒーですが、パーチメントコーヒーを乾燥させた場合も同様です。やはりパーチメントと種子の間には隙間が生じるので、その性質を利用して種子だけを分離することができます。パーチメントは薄いので、乾燥した果皮・果肉（ハスク）よりもさらに簡単に除去することができます。

このように、乾燥によって生じる隙間や固さが種子とその被覆物の分離を容易にしているのです。

ミューシレージを除去する理由

前述のとおり、伝統的な湿式精製では果肉除去とパーチメントコーヒーの乾燥の間に、ミューシレージを分解して洗い流す工程が介在しています。ではなぜミューシレージを除去するのかというと、その方が乾燥を迅速かつ円滑に進められるからです。

ミューシレージはパーチメントを覆う粘質物の層なので、これがなくなった方がパーチメントが外気に直接触れやすくなり、その結果、水分の蒸発が速やかに進みます。

またミューシレージがない方がパーチメントコーヒーどうしがくっつかず、外気に均等に触れやすくなります。

先に述べたとおり、ミューシレージは水分が多い時点では潤滑剤の役割を果たしますが、水分を失うにつれ接着剤の役割を果たすようになります。ミューシレージが十分に除去されていないパーチメントコーヒーは複数集まって塊のようになりがちです。塊の内部からは水分が一層逃げにくくなり、乾燥中の温度上昇も手伝ってカビが生じたり、生豆が発酵してしまったりしやすくなります。

分解していないミューシレージは人力で除去することは困難ですが、機械で発生させる強い摩擦を利用すれば除去することもできます。分解の工程を経ずに機械でミューシレージを除去する方が所要時間の短縮にもなりますし、水洗いに伴う汚水の発生を防ぐこともできます。こうした利点から現在では湿式精製において機械によるミューシレージの除去が多用されるようになっています。

パルプトナチュラルの意義

前述のとおり、パルプトナチュラルは湿式精製のひとつです。しかしこれは形態的に見た場合の分類です。起源を考慮すると、乾式精製の改良版ととらえることもできます。

伝統的に乾式精製はストリッピング（カラー写真9右下）など選択度の低い収穫法と組み合わせて使われてきました。そうした場所はそもそも選択度の高い収穫が自然条件や経済的条件などのさまざまな制約から困難な場所でもあります。

この場合、収穫して集められたチェリーコーヒーの熟度は必ずしも揃っていません。未熟な硬いものもあれば、完熟した軟らかいものもあり、中には樹上で乾燥が始まってしまったものもあります。

こうした不揃いな収穫物をそのまま乾式精製すると、得られる生豆の熟度もやはり不揃いのままです。この場合、風味の観点から特に問題なのが未熟豆です。焙煎された未熟豆は特有の渋みや強いピーナッツ臭の原因となり、飲み物としてのコーヒーの風味を損ないます。

乾式精製において選択度の低い収穫を前提としながらも未熟豆の混入を防ぐあるいは大幅に減らす方法はないのでしょうか。

その方法としてチェリーコーヒーの浮力選別の導入を挙げる人がいますが、適切ではありません。ほとんどの未熟果は完熟果とともに沈むため、浮力選別では未熟果と完熟果を分離することはできないからです。

確かに収穫と乾燥の間に水を利用して収穫物の浮力選別（図表1.5では「粗選別」）を行うことはあります。しかしその目的は未熟果の除去とは違うところにあります。

過熟のチェリーコーヒーや樹上で乾燥したハスクコーヒーは水分が少なく、枝や葉などとともに水に浮きます。一方、沈んだ未熟果や完熟果にはより多くの水分が含まれています。したがって乾燥に要する時間は、浮いたものでは短くて済み、沈んだものでは長くかかります。

両者を一緒に乾燥させるのは効率が悪いばかりか、すでに乾燥が進んだ果実が不必要に長い時間高温にさらされることになり、その中の生豆の品質を損なう恐れがあります。浮力選別によって事前に両者を分けておけば、それぞれに適切な時間だけ乾燥を施すことができます。これが乾式精製において収穫物の浮力選別を行う一つのメリットです。

また、チェリーコーヒーが乾燥してハスクコーヒーになってしまうと、熟度にかかわらず果皮は暗色になってしまうため、色で区別することができなくなります。そうなる前にチェリーコーヒーを色で選別する機械も開発され、一部で運用もされていますが、広く普及するほどの実用性はまだないようです。

このように、選択度の低い収穫を前提とした乾式精製を続ける限り、未熟豆の混入という問題は解消することができません。

パルプトナチュラルはまさにこの問題を解消するため、すなわち選択度の低い収穫を前提として未熟豆の混入を大幅に減らすためにブラジルで導入された精製方法なのです。なおパルプトナチュラルのことをブラジルでは「セレージャ・デスカスカード」、あるいは単にCDと呼びます。

パルプトナチュラルの仕組み

パルプトナチュラルとは「果肉を除去したナチュラル」という意味です(セレージャ・デスカスカードは「果皮をむいたチェリー」という意味です)。ナチュラルとは乾式精製で得られた生豆、すなわち果実をそのまま乾燥させて作る生豆のことなのに、「果肉を除去したナチュラル」というのはまさしく形容矛盾ですが、こうした呼称の理由はその起源、すなわち、ナチユラルの改良版として導入されたことにあります。

乾式は乾燥した果実（ハスクコーヒー）や種子の硬さと隙間を活用する精製方法ですが、パルプトナチュラルはむしろ果実（チェリーコーヒー）の軟らかさを活用します。もっと厳密にいうと果実（さらにいえば生豆）の熟度の代用特性としてチェリーコーヒーの軟らかさ、すなわち果肉のむけやすさを活用するのです。

先に述べたように、熟度が高いチェリーコーヒーは軟らかく、人の指で強くつまんだ程度でも中から簡単にパーチメントコーヒーが飛び出してきます。しかし、熟度が低いチェリーコーヒーの場合、人の指で強くつまんだぐらいではびくともしません。ミューシレージが発達しておらず、パーチメントと外果皮の間で潤滑剤として働くものがほとんどないからです。

パルプトナチュラルにおいて、熟度が高いチェリーコーヒーと熟度の低いチェリーコーヒーを分別するのは果肉除去機です。こうした熟度に応じたチェリーコーヒーの挙動の違いを活用するため、細長い隙間がたくさん開いた板に押し付けるタイプの果肉除去機を用います。チェリーコーヒーを適度な圧力で板に押し付けると、熟した軟らかいチェリーコーヒーからパーチメントコーヒーが排出されて、その隙間を通り抜けていきます。

排出されたパーチメントコーヒーはミューシレージ付きで滑りやすく、チェリーコーヒーよりも小さくなっているので、細い隙間を易々と通り抜けることができます。中身がなくなった果皮・果肉も柔らかいので、やはりその隙間を通って外に出ていきます。

これに対し、未熟な硬いチェリーコーヒーは、チェリーコーヒーを板に押し付けてもパーチメントコーヒーは排出されません。チェリーコーヒーのままでは大きすぎて隙間を通り抜けることができず、果肉除去機の内部にとどまります。後から続々と果肉除去機に入ってくるチェリーコーヒーに押されて、結局、別のルートをたどり大きな開口部から排出されます。

こうした細長い隙間がたくさん開いた板にチェリーコーヒーを押し付けて果肉除去を行う機械を「グリーンセパレーター／スクリーンパルパー」といいます。

細い隙間を通り抜けることができたもの、すなわちパーチメントコーヒーと果皮・果肉の混合物はさらに別のタイプの果肉除去機（二次パルパー）へと向かいます。そこでパーチメントコーヒーと果皮・果肉も分離されます。パーチメントコーヒーから完全にはがれずにその表面に残っていた果皮・中果肉も二次パルパーで除去されます。

最も圧力が弱い設定のグリーンセパレーター／スクリーンパルパーに投入され果肉除去されたチェリーコーヒーに由来するパーチメントコーヒーは完熟果から得られたものであるため最もグレードが高く、CD1と呼ばれます。以降、完熟には至っていない少し硬めの果実から得られたものはCD2、未熟果から得られたものはCD3とグレードが下がります。

このように、未熟な硬いチェリーコーヒーと熟して軟らかいチェリーコーヒーが投入段階では混在している状態でも、グリーンセパレーター／スクリーンパルパーを通過させることで、熟度の高いチェリーコーヒー由来のパーチメントコーヒーと熟度の低いチェリーコーヒーに分離することができるようになりました。この結果、収穫時に色や硬さで人が熟度を判断するという選択的収穫によって選別しなくても、「果肉を除去したナチュラル」という発想と技術革新によって、無差別収穫を伴う乾式精製の宿命だった未熟豆の混入という問題を解消することに成功したのです。

パルプトナチュラルにおける粗選別

これまで述べてきたパルプトナチュラルの工程は、図表1.5に示した同精製の果肉除去の部分です。その前に収穫物を粗選別する工程がパルプトナチュラルにはあります。

パルプトナチュラルは無差別な収穫を前提としているため、収穫物にはさまざまな熟度のチェリーコーヒー以外にも、ハスクコーヒー、枝や葉、小石や砂粒などいろいろな夾雑物が混入しています。果肉除去によって熟度別の処理を可能にするには、こうした夾雑物を事前に取り除いておく必要があります。この粗選別はそのための工程です。

この粗選別の内容は、ふるいによるサイズ選別や風力による密度選別（風選）、水（と水流）による比重選別です。サイズ選別や風選によって木の枝や葉、小さな砂粒などが除去されます。水による比重選別では、ハスクコーヒーや過熟のチェリーコーヒー（水に浮く）と、未熟・完熟のチェリーコーヒー(水に沈む）と石（これも水に沈みますが、チェリーコーヒーより重い）が分離されます。この一連の粗選別工程は普通、単一の機械によって行われます。その機械は英語では「メカニカルサイフォン」と呼ばれています。

粗選別の結果、水に沈んだ未熟と完熟のチェリーコーヒー（「シンカー」と呼ばれます）はグリーンセパレーター／スクリーンパルパーに投入されます。

水に浮いたもの（「フローター」と呼ばれます）は通常、乾式精製に回されます。しかし最近ではフローターをさらに大きさや硬さで分別し、異なった精製方法を適用する生産者も現れてきました。

パルプトナチュラルとハニープロセスの関係

ところで、パルプトナチュラルやハニープロセスはともにミューシレージの全部または一部を残しながらパーチメントコーヒーを乾燥させる方法だと前述しました。では、両者に違いはないのでしょうか。

ハニープロセスを始めたとされるコスタリカのコーヒー輸出業者デリカフェに聞いたところによると、導入のきっかけはイタリアの焙煎業者イリーから2000年ごろに依頼を受けたことだそうです。

依頼の内容は「果肉除去後、ミューシレージを付けたままパーチメントコーヒーを乾燥させる方式で生豆を生産する」というもので、製法の詳細についてもイリーから指示がありました。コスタリカでは当時、機械でミューシレージを除去したうえでパーチメントコーヒーを乾燥させるのが一般的でした。ミューシレージ付きのパーチメントコーヒーを乾燥させるのには前述のとおり特有の難しさがあるので、イリーが指示した製法の詳細にはそれに対処するための乾燥方法も含まれていました。

イリーは当時すでにブラジルからパルプトナチュラルの生豆を仕入れて使用しており、コスタリカのような中米地域のアラビカ種にも同様な製法を適用したらどのような結果が得られるのか興味があったようです。

とはいえ、イリーはブラジルでパルプトナチュラルの生産に用いられている設備（メカニカルサイフォンやスクリーンパルパー）の使用までは求めなかったようです。前述のとおり、メカニカルサイフォンやスクリーンパルパーは、選択度の低い収穫を前提とした選別機／果肉除去機です。コスタリカではピッキングによる選択的な収穫が行われており、収穫物に異物の混入は少なく、チェリーコーヒーの熟度もそろっているため、ブラジルのパルプトナチュラルでは必須であるこれらの機械の組み合わせを使用する必要はなかったのです。

ハニープロセスという名称もイリーが使い始めたものではありません。デリカフェによると、イリーはこの製法のことを「セミウォッシュト（semi-washed）」と表現していたそうです。ではハニープロセスという表現はどこから来たのでしょう。やはりデリカフェによると、同社の精製施設を訪問した日本の商社の担当者がこの製法で作られたパーチメントコーヒーを見て「ハニーコーヒー」と呼び、それが現在の名称の起源になったそうです。

以上をまとめると、コスタリカで始まったハニープロセスはブラジルのパルプトナチュラルに起源を有しますが、果肉除去機などの設備はコスタリカが従来から使用していたものが使われていることもあって、コスタリカで独自の変化を遂げたもの、ということができます。

「セミウォッシュト」には要注意

ここで登場したセミウォッシュトという言葉についても少し触れておきましょう。

イリーと同様に、ミューシレージを付けたままパーチメントコーヒーを乾燥させる方式あるいはその方式で得られた生豆をセミウォッシュトと定義しているのが、本書でも用語の定義を頼っている国際規格ISO 3509:2005です。すなわち同規格によると、湿式精製で得られた生豆のうち、精製の途中でパーチメントの表面からミューシレージを取り除かないものがセミウォッシュトです（取り除く場合はその方法にかかわらず「ウォッシュト」と呼んでいます）。

しかし、セミウォッシュトという言葉は常にこの意味で用いられるとも限りません。ミューシレージを伝統的な方法で（すなわち発酵により分解したうえで水洗いして完全に）除去したものをフーリーウォッシュトと呼ぶのに対し、機械で取り除いたものという意味でセミウォッシュトを使う場合もあります。これはミューシレージ除去の手段による区別です。

さらに厄介なことに、国によってはチェリーコーヒーを処理する場所や施設にもとづいて区別する場合もあります。例えばルワンダやブルンジといったアフリカの一部の国では、フーリーウォッシュトは大規模な処理場で専用設備により処理されたものを指し、セミウォッシュトは農家が自宅で自前の器具（バケツなど）を用いて処理したものを指します。
このようにセミウォッシュトにはさまざまな意味がありうるので、この言葉に接した際や自分で使う際には注意が必要です。

乾燥前のパーチメントコーヒーに対して行う選別

パルプトナチュラルの説明からわかるように、湿式精製の利点の一つは、果肉のむけやすさという特性を利用することで収穫後にチェリーコーヒーの熟度による選別が可能になることでした。

湿式精製が乾式精製に対して有する選別面での優位性はほかにもあります。乾燥前のパーチメントコーヒーを対象に水との比重を利用して行う浮力選別を工程に組み込めることです。

一般に、パーチメントコーヒーのうち、水より比重が小さいもの（水に浮くもの）は品質が低く、水に沈むものの中でもより比重が大きいものの方が品質もよいとされています。浮いたパーチメントコーヒーの中には内部の種子が虫に食われて空洞ができてしまったものなども含まれます。

パーチメントコーヒーに対する浮力選別は大きく分けて二つあります。一つは果肉除去直後に行われるものです。もう一つはミューシレージ分解後の水洗時に行われるものです。

果肉除去直後の浮力選別

前出のスクリーンパルパー以外のパルパーは本来、除去された果皮・果肉をパーチメントコーヒー用の出口とは別の出口から排出するように設計されています。しかし実際には、パーチメントコーヒー側にも果皮・果肉が多少は出てきてしまいます。また、果肉がむけずチェリーコーヒーのままパルパーから排出されてしまったものが混入していることもよくあります。果肉除去直後の浮力選別では、こうした夾雑物の除去と低品質なパーチメントコーヒーの除去を目的として行われます。

最も単純な方法は果肉除去直後のパーチメントコーヒーを集めて水に漬け、浮いたものを手網などですくって取り除くというものです。この方法は自宅で果肉除去を行なう小農家で行われています。

処理量が多くなると手作業では対応できなくなるので、機械を使った仕組みが用いられますが、考え方は同じです。パルパーの出口からすぐのところに水を貯め、その水面下にふるい（網や孔あき鉄板）を設置します。パルパーから排出されたもののうち、低品質なパーチメントコーヒーなど軽いものは水に浮いたままになります。一方、高品質なパーチメントコーヒーなど水より重いものは沈んで水面下のふるいに到達します。硬くてむけなかったチェリーコーヒーなどふるいの目よりも大きいものはふるいを通過することができませんが、パーチメントコーヒーは十分に小さく、ふるいを通過してさらに沈んでいきます。ふるいを使うので実際には比重だけでなくサイズも活用した選別です。

こうした仕組みはパルパー自体に組み込まれていることも、パルパーとは別の設備として設けられていることもあります。後者の場合、水平の回転軸を持つ円筒形のふるいがよく用いられます。中南米の産地では「クリバ」と呼ばれることがあります（ただし、こうした装置のより一般的な名称は「トロンメル」です）。

◎ミューシレージ分解後の水洗時の浮力選別

乾燥前のパーチメントコーヒーに対するもう一つの浮力選別、すなわちミューシレージ分解後の水洗時に行われる浮力選別では、細長い水路が用いられることがよくあります。より正確には、ミューシレージを完全に除去するためにパーチメントコーヒーを水路に流しながら水洗いするときに浮力選別も同時に行う、というべきかもしれません。

乾燥前のパーチメントコーヒーに対するもう一つの浮力選別、すなわちミューシレージ分解後の水洗時に行われる浮力選別では、細長い水路が用いられることが多いようです。より正確には、ミューシレージを完全に除去するためにパーチメントコーヒーを水路に流しながら水洗いするときに浮力選別も同時に行う、というべきかもしれません。

水路を使うと、静止した水では得にくい水流の効果も活用して選別の精度を高めることができます。パーチメントコーヒーを水路に流していくと、軽いものほど先に流れ、重いものほど後に流れます。あるいは、軽いものほど起点から遠いところまで到達し、重いものほど起点から近いところに留まります。これによって単なる浮き沈みだけでなく、流れる順序や距離による多段階の選別も可能になるのです。

このように、果皮・果肉のむけやすさや、水に対するパーチメントコーヒーの比重など、いったんパーチメントコーヒーの状態にするからこそ可能になる選別も処理工程に組み込めるため、湿式精製は乾式精製よりも選別度の高い方式だということができるでしょう。

9 【精製の詳細】脱殻と生豆選別（ドライミル工程）

レスティングを終えたハスクコーヒーやパーチメントコーヒーはいよいよ生豆に加工される段階に進みます。

この段階はドライミルで行われます。図表1.4には示していませんが、ドライミルでは種子を覆っているもの（被覆物）を最終的に取り除くだけでなく、さまざまな選別も行われます。そうした選別は生豆の品質を高めるうえで重要な意味を持っています。

ドライミルにおける各工程の詳細に立ち入る前に、大まかな流れをここで把握しておきましょう。

ハスクコーヒーやパーチメントコーヒーの集合からまず異物を取り除きます。次に脱殻（だっかく）機にかけて被覆物をはがします（これを本書では「脱殻」といいます）。この段階ではまだ生豆とかつての被覆物が混在した状態なので両者を分離します。

生豆はその後、各種の選別にかけられます。選別は生豆のサイズや密度、色に着目してこの順に行われます。一連の選別工程を通過することで、夾雑物（ディフェクトあるいは欠点とも呼ばれます）が除去されるとともに、生豆は品質ごとに区分されていき、区分内での均質性も高まっていきます。

選別を終えた生豆は袋やより大きな容器に詰められて輸出用の荷姿になります。

ドライミルでの一連の工程は一気通貫に進めることができます。各種の専用機械が搬送機で連結されていたり、一つの機械が複数の機能を果たしたりすることも多くあります。そうした場合は最初の異物除去から最後の色差選別まで途中で人が介入せずに流れ作業で進めることができます。所要時間は、ロットサイズや機械の処理能力にもよりますが、数十分から数時間というところでしょうか。収穫から乾燥の終了までの段階には少なくとも数日間かかっていたのとは対照的な短さです。

ディフェクト

前述のとおり、ドライミルでは夾雑物（ディフェクト）の除去も行われます。このディフェクトにはドライミルで発生するものも含まれます。

具体的にどんなものがディフェクトなのかは他書がカラーで紹介していたりしますので、本書では詳しく取り上げませんが、定義や大まかな分類だけ紹介しておきたいと思います。

国際規格ISO 10470:2004によると、ディフェクトとは正常な生豆から逸脱したものすべてです。この規格には明示されていませんが、コーヒーの風味に悪影響を与えたり、商品の外観を損なったり、加工時に機械を損傷させたりする恐れがあるものを一般にディフェクトと呼ぶと理解すればよいでしょう。

ディフェクトを大別すると、

(1)異物(コーヒーの果実の一部でないもの)
(2)コーヒーの果実の一部であるが生豆ではないもの
(3)異常な生豆

の3つになります。異常な生豆の中には、色や形が異常なため外観で判別がつくものと、外観は正常だが風味には悪影響をもたらすものがあります。

ディフェクトが発生する原因や時期・場所はさまざまです。原因には自然の作用(成長不良や虫による食害など)もあれば人間の行為(加工中の破壊など)もあり、両者が複合したもの(生豆の発酵など)もあります。

ディフェクトについて簡単におさえたところで、ここからはドライミルでの各工程を順番に見ていきましょう。

異物除去

脱殻する前のハスクコーヒーやパーチメントコーヒーに対して行う選別です。「クリーニング」と「石抜き」という二つの方法があります。

クリーニングは「プリクリーニング」とも呼ばれます。異物のうち、コーヒーよりも大きいものや小さいもの、軽いもの、ほこりなどを取り除くことを目的としています。このために目の大きさが違う複数のふるいや空気の流れなどを利用します。

石抜きは文字どおり石や金属などのコーヒーよりも密度が高い異物を取り除くための工程です。

これらは必ずしもすべてのドライミルで行われているわけではありませんが、重要な工程です。クリーニングや石抜きをすることで、脱殻後の生豆を汚したり後工程の機械を傷つけたりするかもしれない異物を除去できるからです。

脱殻

ハスクコーヒーやパーチメントコーヒーから生豆を取り出す工程です。

脱殻には「ハラー」と呼ばれる専用の機械を使います。この機械の中でハスクコーヒーやパーチメントコーヒーがお互いにぶつかり合ったり、機械の内面とこすれたり、あるいは機械内部の鋭い刃や小さな穴で引きちぎられたりして、生豆の被覆物がはぎ取られます。はぎ取られた殻（ハスクやパーチメント）は気流で吹き飛ばされるので、生豆と殻は別々の経路でハラーから出ていきます。

ハラーには脱殻前後の諸機能が備わっている場合もあります。脱殻前に石を除去する機能、脱殻し損ねたハスクコーヒーやパーチメントコーヒーを生豆から密度で分離する機能、脱殻直後の生豆を風力で選別する機能などです。

脱殻は一連のドライミル工程の中で生豆の品質を損なう可能性が最も高い工程です。圧力を高めすぎると摩擦が大きくなり、生豆が過熱状態になることもあります。これによって生豆は乾燥がさらに進んで軽くなったり、風味が損なわれたりすることがあります。水分が多すぎたり少なすぎたりするものを脱殻すると生豆が傷ついたり壊れたりしてしまうことがあります。

ハスクコーヒーとパーチメントコーヒーの間には脱殻時の振る舞いに違いがあります。前者の方が大きく被覆物も厚く硬いので、脱殻しにくいのです。特に脱殻が難しいとされるのが、中米などの高地で栽培されたアラビカ種のハスクコーヒーです。果肉に糖分が多いためか、通常の水分値まで乾燥させてもハスクが脱殻中に再び軟らかくなってしまい、うまく脱殻できなくなる事例も出ています。この問題に対応するため新しいハラーを開発・導入する動きもあります。

サイズ選別

生豆を大きさにもとづき選別します。ふるい（スクリーン）を用いることから「スクリーン選別」とも呼ばれます。単に「グレーディング」と呼ばれることもあります。

サイズによって選別するために目の大きさの異なるふるいを複数同時に用います。現在では孔の開いた平らな長方形の金属板を複数重ねた選別機が主流です。この金属板一枚一枚がふるいになっており、目の大きいものほど上に置かれます。

生豆は一方の短辺付近から金属板の上に投入され、短辺方向に均一に広げられます。金属板は長辺方向に振動しているため、生豆はその方向に次第に移動しながら、自分よりも小さい孔の開いた金属板に到達するまで金属板の孔を通り抜けて下へと落ちていきます。特定の金属板上にとどまった生豆は長辺方向に移動を続け、その金属板の端（入口と反対側の短辺）に設けられた出口から選別機外へと排出されます。

金属板上の孔の形は真円か角丸長方形（陸上競技のトラックのような形）をしています。真円はフラットビーン用で、角丸長方形はピーベリー用です。孔のサイズは一般に「スクリーンサイズ」と呼ばれ、最も短い径の単位数によって表現されます。1単位は64分の1インチ（約0・4㎜）です。例えば「スクリーン16」は径が64分の16インチ、すなわち4分の1インチ（約6・4㎜）の孔のこと、あるいはその大きさの孔が開いたふるいのことを指します。このスクリーンサイズの値は生豆の仕様の一部としても用いられることがあります。

サイズ選別はとても重要です。それにはいくつかの理由があります。第一に挙げられるのは、サイズが品質のひとつの指標になることです。小さくても品質の高い生豆はあるのですが、品質の低い生豆の多くが小さいのも事実です。例えば未熟豆や成長の途中で死んでしまったもの、脱殻の際に壊れてしまったものなどがそうです。

第二の理由は、サイズ選別の後に行われる選別の精度を左右することです。特に密度選別（後述）では生豆のサイズが揃っていて初めて有効な選別が可能になります。

第三の理由は、焙煎の均一さに影響することです。同時に焙煎する生豆に大きいものと小さいものが混在していると、加熱のされやすさの違いから焙煎豆にバラつきが出やすくなります。

現在主流となっているサイズ選別機は振動する平らな金属板を重ねたものと述べましたが、

回転する円筒形のふるい（トロンメル）を組み合わせたものもかつては使われていました。今でも中南米の古い農園に行くと残っていることがあり往時をしのばせてくれます。

密度選別

「比重選別」とも呼ばれます。生豆の選別において品質の面から最も重要なものといえるかもしれません。密度は生豆の物理的な性質の中でも品質と最も密接にかかわるものだからです。一般に密度の大きな生豆ほど品質がよい傾向にあります。

密度選別もサイズ選別同様、機械で行われます。使用される機械は「カタドール」と「グラビティテーブル」に大別されます。カタドールは、落下する生豆に対し下から気流を当てることで選別を行います。グラビティテーブルは気流だけでなく振動と摩擦も利用して選別を行います。それぞれについてもう少し詳しく見てみましょう。

カタドールは上下に長い四角柱のような形に見えますが、その頂部は丸く膨らんでいます。四角柱は管になっており、選別はその管の中で行われます。気流は底部にある送風機によって起こされ、管を上へと進みます。生豆は上部の投入口から管に投入され、下から来た気流とぶつかります。そのとき、重いものは気流に逆らって管を下に落ち、軽いものは気流に吹き飛ばされて上に向かった後、別の管に入って下に落ちます。この別の管の中でも同様な仕組みでさらに選別ができるものもあります。

カタドールはグラビティテーブルよりも古くから用いられる密度選別機ですが、選別精度や省エネ性でグラビティテーブルに劣るので、生豆の主たる密度選別機としては次第に廃れてきています。

現在では脱殻とサイズ選別の間で風力選別のために用いられることが多くなりました。脱殻の後、生豆とハスクやパーチメントは脱殻機から別々に排出されるのですが、生豆の方には脱殻時に砕けてしまった豆や分離しきれなかったハスクなども残っています。この状態の生豆をカタドールに投入することで、極度に軽いものを効率的に除去することができます。

一方、グラビティテーブルは金属板を一枚備え、その上に生豆を流して選別を行います。この金属板にはいくつかの特徴があります。第一に形です。長方形やその角の一つが切り取られたような、少しいびつな五角形をしているものが主流です。第二の特徴は板上に小さな突起がたくさんあることです。小さな穴がたくさん開いていることもあります。第三の特徴は傾きです。この傾きは比重選別機に特有で、金属板の対角線方向に付けられています。すなわち金属板の短辺・長辺ともに、一方が上で他方が下という位置関係にあります。

機械の運転が始まると金属板が短辺方向に振動すると同時に、強力なファンによって板上には上昇気流が発生します（金属板に穴が開いている場合、ここを気流が通過していきます）。生豆は金属板の上端部付近から金属板上に投入されますが、この時点ではさまざまな密度のものが混在している状態です。

生豆の集団は全体としては長辺方向を下へと金属板上を流れて（下って）いきます。板の振動と上昇気流によって生豆の集団は流動化し、密度の小さいものは表層に浮き上がり、密度の大きいものは下層に沈みます。

表層に浮き上がったものは金属板と接触せずに動き、長辺方向を下に進みながら短辺方向でも下に移動していきます（表層を滑るようなイメージです）。一方、最下層に沈んだものは長辺方向を下に進みながら、短辺方向の振動のため、板上の多数の突起に何度も引っかかり、次第に短辺方向を上に移動していきます。

この結果、選別機の出口があるスクリーンの下端の短辺では、上（通常は左）の方に密度の大きなものが集まり、下（通常は右）の方には密度の小さいものが集まっています（すなわち、直感に反し、重いものが上、軽いものが下です）。両者の中間帯にあるのは密度の比較的大きいものと小さいものの混成集団です。

密度選別といっても、実際にはこのように「気流にどれだけ飛ばされやすいか」という性質も合わせて利用して選別しています。このため、密度選別の精度を高めるためには、サイズ選別を事前に行って生豆のサイズや形をできるだけそろえておくことが重要です。というのも、たとえ密度が同じであってもサイズや形が違うと気流に対して異なる挙動をすることがあるからです。実際に産地では、グラビティテーブルによる密度選別の前に必ずサイズ選別が行われています。グラビティテーブルは一見、石抜き機やサイズ選別機とも似ていますが、使用されるスクリーンが一枚だけであること、金属板の傾斜が対角線方向に付いていること、金属板に振動を伝えるための柱が短辺側に付いていることなどで見分けられます。

色差選別

生豆の色や形に着眼して行う選別です。「比色選別」や「電子選別」ともいいます。この用途に用いる選別機は「カラーソーター」と呼ばれます。

カラーソーターは生豆を筒の中で上から落としたり、ベルトコンベアで運んで勢いをつけたりして、空中に放ちます。空中にある生豆に強い光を当てて、その姿をカメラでとらえます。その画像から不良品と判定された生豆には圧縮空気を吹き付け、良品用とは別のラインに弾き出します。

カラーソーターは近年の技術進歩が最も著しい選別機です。かつては黒豆など変色が激しいものしか除去できませんでしたが、現在では微妙な色や形の違いや小さな虫食いの孔など豆のわずかな部分の異常も検出し、その豆をピンポイントで除去できる装置も登場しています。高精度になったことでドライミルだけでなく焙煎業者の工場でも導入されたり、生豆だけでなく焙煎豆を選別対象として使用されたりするようにもなりました。

人手による選別

文字どおり人が目で見て、自らの手で不良品を取り除く選別です。「ハンドピック」や「ハンドソーティング」と呼ばれることもあります。

通常は何人かでチームを組んで選別作業に従事します。ベルトコンベア上をゆっくりと流れていく生豆を流れ作業で処理したり、大人数による一次選別と小人数による二次選別を組み合わせたり、と実際の実施方法はさまざまです。

通常の品質の生豆商品に対しては機械による色差選別までしか行わず、高品質を期待される商品だけ人手による選別を行う場合もあります。

10 生豆の物理的特徴

これまでに述べてきたさまざまな活動や工程の結果として生豆は得られます。第1章のしめくくりとして、一般的な生豆であるフラットビーンの特徴に触れておきます。

「特徴」といっても化学的な特徴は「はじめに」で掲げた石脇氏と旦部氏の著作に譲ることにし、ここではもっぱら物理的なものを取り上げます。というのも、物理的な特徴ならば私たち自身の感覚や身近にある道具を使って確認できるからです。生豆が入手できる方は、ぜひ生豆を手許に置いていじりながらこの節を読んでみてください。

なお、物理的な特徴というのは大きさや形、重さ、密度、色あいといった観点からの特徴を指します。一方、化学的な特徴の代表は成分です。例えば、「私たちが食用にする多くの豆と違い、コーヒー生豆にはデンプンは含まれない」といった説明は化学的な特徴についてのものです。

大きさと形

フラットビーンの平坦な面を下にした状態で豆を置き、その豆を上から見ると、通常は楕円形をしています。ここでは仮に、楕円形の径の長い方を「長さ」、短い方を「幅」、上面（曲面）の最も高い点から平坦な面までの長さを「厚さ」と呼びましょう。

アラビカ種の場合、生豆の長さは、品種や個体による差はあるものの、通常は10㎜前後です。極めて未熟なものを除き、一般的な品種の生豆なら市場に出回る最小もので7㎜弱、最大のもので15㎜程度です。ただし、15㎜に達するのはマラゴジペやその交配種の一部（マラカトゥーラなど）に限られるようです。

長さに対する幅の比率は6～8割程度、同じく長さに対する厚さの比率は4割～半分程度であることが一般的です。ただし、これにも品種や個体による違いがあります。

なお、体積ですが、一般的なサイズのフラットビーンを2粒合わせると乾物の中粒ダイズ1粒とほぼ同じぐらいになります。

重さ

生豆1粒の重さは0・15～0・2gが一般的です。ただし、これも個々の豆の大きさと密度によりさまざまです。成熟しても小粒にとどまる豆（例えばエチオピア・イルガチェフェ）には0・1g程度のものもありますし、マラゴジペなど大粒の豆には0・3gに達するものもあります。

0・2gといった小さな値なので実際に生豆を手のひらにのせてみないとなかなか実感できない重さですが、乾物のアズキ1粒がほぼ0・15gなので、通常の生豆はアズキと同じか若干重いといったところです。

ちなみに、生豆1粒あたり0・15~0・2gとして計算してみると、生豆の荷姿として一般的な60kg入りの麻袋には30万~40万粒の生豆が入っていることになります。実際には1粒の重さによりこの数量が増減することは言うまでもありませんが……。

密度

個々の生豆の密度はもちろん選別の結果を反映したものですが、1本のコーヒーの木にできる種子の平均的な密度は、その木が栽培された場所の平均気温や昼夜の寒暖の差などによっても影響を受けます。平均気温が低かったり、寒暖差が大きかったりするほど、種子の密度は高くなる傾向があります。

したがって、例えば寒暖差の大きい高高度の畑で栽培された木から採れ、比重選別で相対的に重いものとして区分された生豆が最も高密度ということができます。

そうした高密度の生豆の密度は1・2～1・3g／㎤程度です。低密度なものであっても通常は1g／㎤を超えます。このように生豆は液体の水よりも密度が大きいので、水に投入すると沈みます（実際に投入して浮かんでしまった場合は、大きな気泡が付いていないか確認してみてください）。

この性質は生豆の品質の判定にも利用されています。すなわち、水に浮くほど低密度な生豆は正常ではないもの（欠点）と判断されるのです。確かにそうした生豆（「フローター」と呼ばれます）を焙煎してみると、大抵の場合、きちんと色づかず、正常なコーヒーの風味を生じない豆になります。

もっとも、実際の生産の現場では、比重選別の際に生豆を水に入れるなんてことはありません。そんなことをしたらせっかく乾燥させた生豆がだめになってしまいます。

では、生豆の水への投入がなされる（許される）のはどういう場面かというと、例えば生豆鑑定者の資格試験です。とても軽くて水より密度が小さいことが疑われる豆だけ確認のために水に浸す、という想定ですが、そうした豆だけでなく試験用の生豆をごっそり水に浸してしまう強者もまれにいて、驚かされることがあります。

かたさ

生豆の物理的な特徴としてこれまでに挙げたもの以外に重要なのは「かたさ」です。「なまめ」という語感から受ける印象とは異なり、生豆は非常に堅固です。

「堅固」という言葉を用いたのは生豆の「かたさ」を表現するのにぴったりだからです。「堅固」という漢語を構成する「堅」と「固」という漢字は、どちらも「かたい」と訓読みしますが、それぞれ「中がつまっていて砕けにくい（もろいの反対）」、「全体が強く形が変わらない（ゆるいの反対）」を意味します。適切に乾燥した生豆はもろくもなくゆるくもない、まさに堅固な状態です。

焙煎後の豆（特に深煎り豆）が簡単に砕けるのとは対照的に、適切に乾燥された生豆は踏んだぐらいではびくともしません。道具を使って切ったり砕いたりするのもかなり骨が折れます。

とはいえ、切ったり砕いたりするため力を加えてみると、生豆には意外と弾力があることにも気づきます。口に入れて噛んでみても、通常は噛み切れこそしませんが、カチカチとした硬質な感じではなく、歯を押し返してくるような感じです（実際にやってみるのはあまりお勧めしませんが…）。手許に生豆がない人のために補足すると、噛んだときの感触は乾物のダイズとアズキの中間でしょうか。すなわち、ダイズよりは硬いが、アズキよりも柔らかい、といった感じです。

ただし、この堅固さも生豆の水分量によって変わります。生豆の水分は一般的に10%前後ですが、水分が減るともろくなる傾向があります(とはいえ、焙煎豆よりもずっと堅固なのですが)。一方、水分が多すぎても生豆は軟らかくなります。新鮮なコーヒーチェリーから取り出した直後の生豆が軟らかいことはすでに触れました(その状態であれば、人の歯でも噛み切れます)。

色

一般的に生豆は淡い緑色をしています。

しかし、果実の中にある種子のときからそうした色をしていたわけではありません。果実の中で水分が多い状態の種子は乳白色や少し青みがかった灰色をしています。緑色を帯びるのは、収穫後の乾燥を通じてです。

どのような緑色になるかは乾燥のさせ方によって変わります。伝統的な湿式精製(フーリーウォッシュト)の場合、全体が淡い緑色で、シルバースキンやセンターカットが白いことが一般的ですが、パルプトナチュラルやハニープロセスではシルバースキンやセンターカットが褐色をしていることもあります（褐色のシルバースキンをはがしてみると、その下の生豆の緑色はフーリーウォッシュトのものよりも濃いこともあります）。乾式の場合も同様です。

スマトラ式の場合、暗緑色をしているのが一般的です。この色は生豆の状態にしてから本格乾燥を行うことに起因しているようです。その証拠に、種子が生乾きのうちにパーチメントをはがしてしまうと、どんな産地の生豆でもスマトラ式の生豆のような暗緑色になります。すなわち、スマトラ式の生豆（例えばマンデリン）の暗緑色はインドネシアという産地に固有のものではありません。

生豆の色は時間の経過とともに次第に白っぽくあるいは黄色っぽく変わっていきます。なので、例えば店頭で生豆を選んでその場で焙煎してもらうようなスタイルの店でコーヒー豆を買う場合は、銘柄だけでなく生豆の表面がどんな状態なのかをチェックするとよいでしょう。よりよいものを選ぶのに役立つはずです。

生豆ができるまで

1 播種・発芽

播種から30 ～ 70日ほどで発芽

2 育苗

苗床で育てるのは播種から9～ 15カ月ほど

3 圃場

日陰樹のない圃場

日陰樹のある圃場

4 コーヒーの花

蕾

5 コーヒーの果実

アラビカ種　アラビカ種

アラビカ種（ティピカ）　アラビカ種（ブルボン）

アラビカ種（黄色く熟するタイプ）　カネフォーラ種

6 果皮を半分だけむいた様子

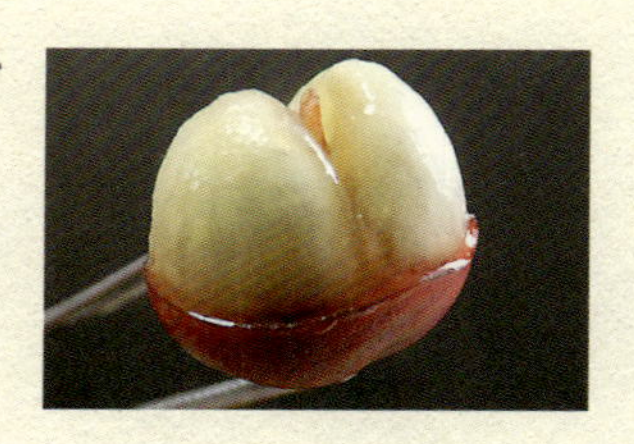

7 果実の内部

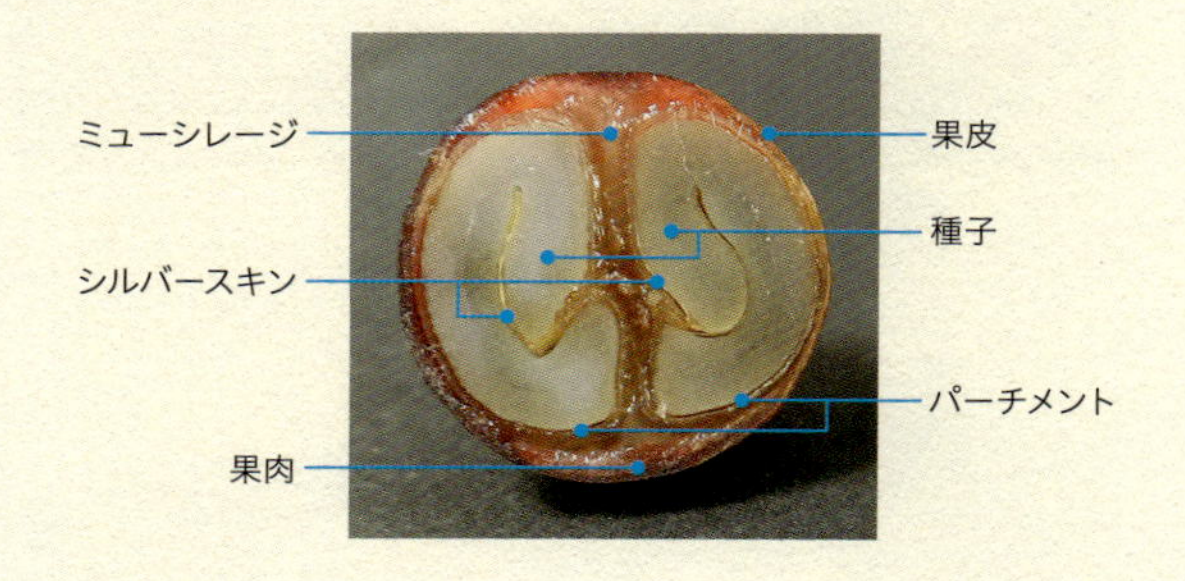

8 乾燥前後で果実の断面はこう変わる

一粒ずつ手摘み

ストリッピング（しごき落とす）

9 さまざまな収穫方法

大きな機械でふるい落とす

携行型の機械でふるい落とす

10 精製：チェリーから生豆へ

Chapter 2

種子から生豆まで（マクロ編）

第1章では生豆が作られる過程そのものに注目しました。第2章でも引き続き生豆生産段階を取り上げますが、視点を変えて、時間的にも空間的にもより大きな規模でとらえたり、第1章に出てきた個々の活動を時間の流れの中に位置づけたりすることを試みます。

1 生豆が生産されるところ

第1章で見たとおり、コーヒーという言葉が指すものにはいろいろあります（図表1.3）。しかし「コーヒー生産」になると焙煎豆ではなく生豆の生産のことを意味するのが一般的です。したがってコーヒーについていう「生産国」とは生豆を生産する国のことになります。でも、生産さえしていれば量にかかわらず生産国とみなされるわけでもありません。国際コーヒー機関（ICO）の用語集によると、生産国と分類するための条件は2つあります。一つは「商業的に意味のある量の生豆を生産していること」です。もう一つは「生豆の輸出が輸入を上回っていること」、すなわち「純輸出国であること」です。一方、生産国に対置される「消費国」についてもICOは定義していて、生豆の輸入が輸出を上回る国（純輸入国）のことです。本書でもこれらのＩＣＯの定義に従うことにします。

ただし留意しておきたい点が一つあります。生産国における消費のことです。ＩＣＯによると生産国とは商業的に意味のある量の生豆を生産する純輸出国のことでした。これには国内での消費の様子が直接は表れてきません。しかし、生産国の中にはコーヒーをたくさん消費している国もあります。例えば、世界第2位のコーヒー消費大国といわれるブラジルを筆頭に、エチオピアやインドネシアがそうです。現在ではほかの生産国でも国内消費が増えてきています。

本章ではこうしたことに留意しつつも、生産国の「生産者」としての側面だけに焦点を当てて話を進めていくことにします。

「コーヒーベルト」は実在するのか

コーヒーの本には「コーヒーベルト」という言葉が必ずといってよいほど頻繁に登場します。赤道を中心として南北両回帰線（あるいは南緯・北緯25度線）にはさまれた低緯度地帯を指し、ここがコーヒーの木の主な栽培地域であると説明されます（この場合のコーヒーはアラビカ種とカネフォーラ種の両方です）。「赤道を中心として南北両回帰線にはさまれた低緯度地帯」というのは、地理学上の熱帯の定義そのものなので、コーヒーベルトは地理学上の熱帯とほぼ同じ地域を指しています。「地理学上の」という限定句を付けるのは、「熱帯」には気候の観点からの定義も別にあるからです。こちらは気温や降水量を基準とした区分で、地理学上の熱帯よりもやや広い地域を指します。本書では「地理学上の熱帯」を今後は単に「熱帯」と表記します。「気候上の熱帯」を指す場合はそのように明記します。

コーヒー本で頻繁に使われるコーヒーベルトという言葉ですが、私は要注意ワードだと思っています。コーヒー産地の分布や広がりについて誤った印象を与えかねないからです。

「○○ベルト」と表現される農作物の産地でおそらく最も有名なのは米国の「コーンベルト」でしょう。アイオワ州全域やイリノイ州北部を中心に東西に約1400㎞、南北に数百㎞に広がるトウモロコシ生産地帯をいいます。2015年現在、アイオワ・イリノイ両州のトウモロコシ栽培面積は両州全体の面積の35％にも達します。米国農務省が出している地図を見てもトウモロコシ畑が帯状に連続して広がっていることがうかがえます。

このように農産物の産地を「ベルト」と表現する場合、帯状に連続して広がる産地であることが一般的です。「帯状に連続」とまでいかなくても、その農作物の栽培地がその地域で相応の面積を占めていたり、その農作物の栽培が地域における土地の主な用途であったり、その農作物がその地域を代表する産品であったりするべきでしょう。しかし、コーヒーベルトはこのいずれにも当てはまらないのです。

まず連続性ですが、これは地図を見るだけでもわかります。熱帯の地表の約73％は海洋が占め、陸地を隔てています。海洋は無視して陸地にだけ着目しても、熱帯にはコーヒーの栽培に向かない場所がたくさんあります。乾燥した土地（砂漠など）や広大な熱帯雨林、高山などです。グローバルな規模で見た場合、こうした自然条件（図表1.2）や経済条件がそろわない場所によってコーヒー産地は分断されています。

世界のコーヒー収穫面積

そもそも熱帯においてコーヒーの栽培に使われている土地はどれほどあるのでしょうか。

国連食糧農業機関（FAO）の統計によると、2013年時点の全世界のコーヒー収穫面積は約10万㎢程度です。これは日本の国土面積の4分の1強、あるいは北海道と四国を足した広さに当たります。なお「収穫面積」とは、コーヒーの木が植えられている場所のうち、実際に収穫が行われた場所の面積です。実を付けない木がある場所（苗圃を含む）や畑としては放棄された場所は含まれないので、栽培面積よりも多少小さくなります。米国農務省は一部の国について栽培面積と収穫面積の両方を報告しています。それによると、この二つの面積の差は国により違いがありますが、押しなべて、前者が後者より1割程度大きいようです。本書が準拠するFAO公表値は収穫面積ですので、そのように表記し、栽培面積より1割小さいことを念頭に置きつつ、これに代用することとします。一方、「コーヒーベルト」全体の面積はどれぐらいでしょうか。「コーヒーベルト」を熱帯に等しいととらえると、約2億㎢になります。そのうち陸地は約27%を占め、その面積は約5500万㎢です。

これらの情報からコーヒー収穫地がコーヒーベルト内の陸地に占める割合を算出してみましょう。10万㎢を5500万㎢で割るので、答えは0・2%弱です。

イメージしやすくなるかどうかわかりませんが、コーヒーベルト上の陸地をサッカーフィールド（縦約100m・横約70m）に見立てると、コーヒー収穫面積はペナルティエリアはおろかゴールエリアよりはるかに小さく、ゴール枠（幅約7m・高さ約2m）1個分しかありません。

万が一、コーヒー収穫面積が実際にはFAO統計値の2倍あったとしてもゴール枠2個分です。先ほどは陸地だけを分母にしましたが、地表面積全体（2億㎢）を分母にすると、この比率はさらに下がり、0・05%すなわち2千分の1になります。

熱帯で収穫面積の大きいコーヒー以外の作物

コーヒー収穫地が熱帯の陸地の0・2％しか占めていないとしても、熱帯のほかの農作物に比べたら広いかもしれません。念のためこの点を少し調べてみましょう。

熱帯を直接の対象範囲としたデータはないので、領土の大部分が熱帯に存在する国々を選び、それらに関するFAOのデータを活用して推測してみると次のようになります。

熱帯において最も広い土地から収穫されている農作物は水稲（コメ）です。その収穫面積はコーヒーの12倍ほどあります。次に多いのはトウモロコシで7倍強、続いてダイズで4倍弱です。これらよりも面積では劣るものの、ダイズ同様に熱帯の国際商品作物として重要なものに、サトウキビとアブラヤシ（パーム油・パーム核油を採るための作物）が挙げられます。これらの収穫面積はそれぞれコーヒーの2倍、1・6倍程度です。単純に収穫面積（土地利用）という意味ではコーヒーよりもこれらの農作物の方が存在感があるといえます。なお、カカオも熱帯の重要な商品作物ですが、現在の収穫面積はコーヒーとほぼ同じ水準です。

生産国でコーヒー農地が占める割合

コーヒー農地が熱帯の土地に占める割合は実は小さいということがわかってきました。しかし、コーヒー本に出てくるコーヒーベルトの地図を見ると、ブラジルを筆頭にインドやメキシコ、インドネシア、ペルーといった広大な国々が「生産国」として含まれています。それとはどう整合をとったらいいのでしょうか。

図表2.1はコーヒー収穫面積が大きい国々について、その収穫面積と国土に占める割合を示したものです。グラフ右側に示す収穫面積が最も大きい国は、ほとんどの人が想像するとおり、ブラジルです。同国のコーヒー収穫面積は約2万平方kmで、他国を圧倒しています。世界合計の約2割をブラジルが占めています。

第2位はインドネシアで1万2000㎢程度です。ブラジルの半分強ですが第3位以下は大きく引き離しています。第3位はコロンビアで7000㎢程度。以下、メキシコ、ベトナム、エチオピア、ペルー、インド、ウガンダ、ホンジュラス……と続きます。

以上は単純な収穫面積の大小でしたが、その国の領土全体との関係でとらえると違った様子も見えてきます。例えばブラジルは収穫面積それ自体でこそ圧倒的ですが、国土全体に占める割合ではわずか0・2%強です。これは前述のサッカーグラウンド全体に対するゴール枠1個分の比率です。図表2.1の左半分からわかるように、これはほかの国々と比較しても小さな値です。コーヒー大国なのに意外だと思われた人もいるかもしれません。ブラジルはコーヒー栽培地だらけ、ではありません（実際にブラジルのコーヒー産地は国土の南東部に偏って存在しています)。

コーヒー収穫面積が大きい国として先ほど掲げた国々では国土全体に占める収穫面積の比率が低く、インドネシアやコロンビア、エチオピア、ペルー、インドではいずれも1%未満です。コーヒーベルトの地図には国の全体や一部がそのまま掲載されていますが、それらの国々の中で実際にコーヒー農地になっている場所はこのようにごくわずかなのです。

ただし、国土全体に占めるコーヒー農地の割合が比較的高い国もあります。図表2.1によると、この割合が突出して高いのはエルサルバドルです。これはFAOの統計に基づきますが、米国農務

図表2.1　主要生産国の収穫面積と領土に占める割合

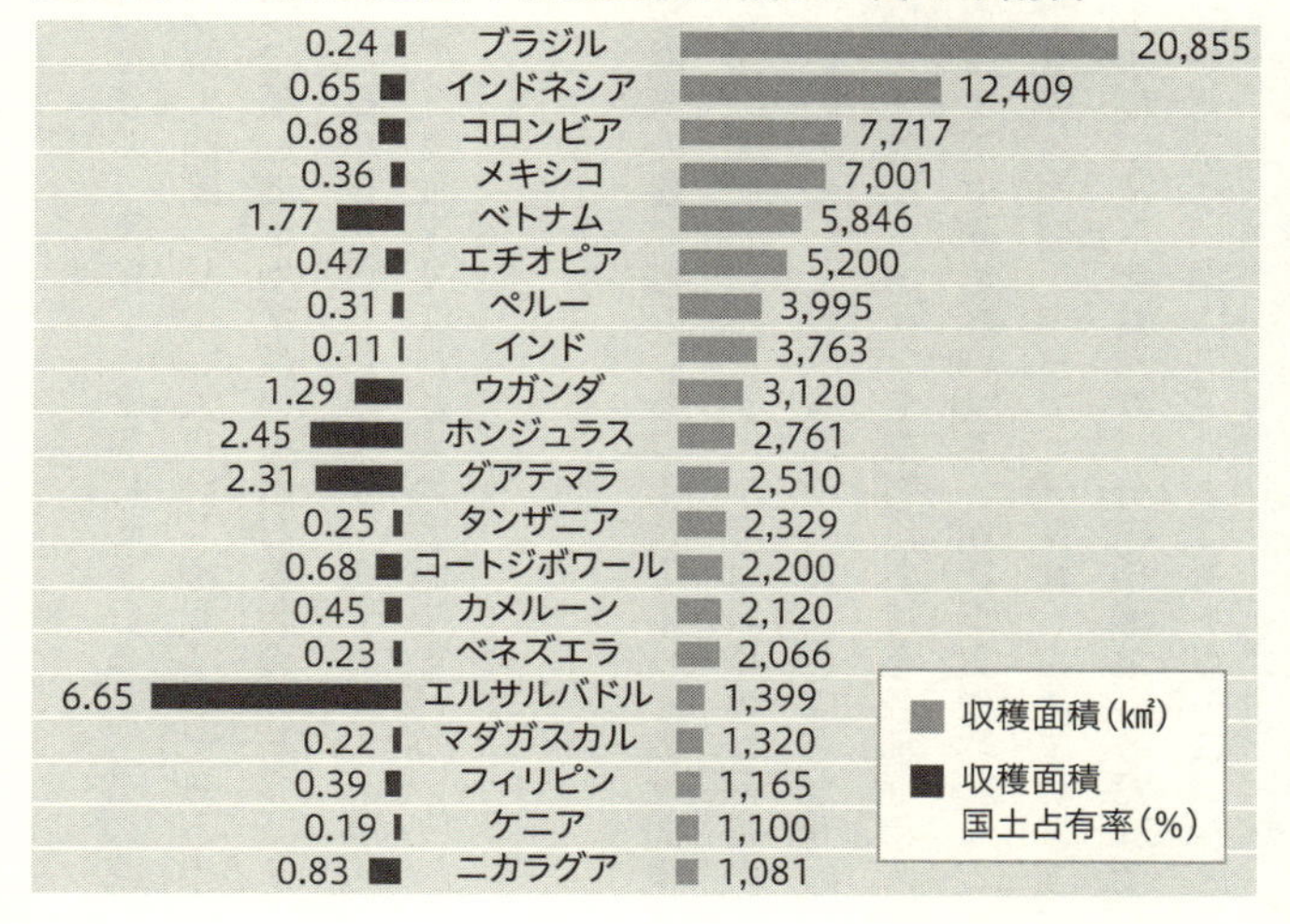

省（USDA）の統計に基づくとその値はさらに高まり、実に7・2％にも及びます。この高い値はエルサルバドルの国土面積が2万1000㎢（四国より少し大きい）程度でもともと小さいことにも起因するのですが、コーヒーの栽培に適した土地が多いことも要因のひとつです。ただしこれはあくまでも例外です。グラフに含まれない国々の中には東ティモールやハイチといった比較的割合の高い国もありますが、いずれも3％台までにとどまっています。

偏在性と遍在性

ここで留意しておきたいことが一つあります。熱帯の農作物のうちコーヒーよりも収穫面積の大きなものの大半は栽培地が特定の地域に偏る傾向にあることです。水稲は栽培地が熱帯の中でも東南アジアや南アジアに集中しています。このため、その収穫面積の大きさにもかかわらず水稲は世界中の熱帯を代表する農作物とはいえません。ダイズも熱帯における収穫面積の60％強をブラジルが一国で占めています。サトウキビでは南米が約50％、南アジアが約25％、アブラヤシでは東南アジアが70％弱、カカオ豆では中・西部アフリカが60％強を占めています。

例外的なのがトウモロコシです。収穫面積こそ水稲に及びませんが、分布地域という意味では熱帯の中で偏りがあまりありません。地域単位で見ると、実はコーヒーにもトウモロコシと同じことがいえます。アラビカ種とカネフォーラ種の両方を合わせると、地域的な偏在が小さいのです。すなわち、東南・南アジア、西・中・東部アフリカ、中南米・カリブ海といった熱帯の各地域のうち特定のところに極端に集中しているということもありません。これまではコーヒーの存在感を相対的に低めるような説明をしてきましたが、産地が特定の地域に集中しないという意味ではユニークな存在感を持っているといえます。

ここでいったん「コーヒーベルト」についてまとめておきましょう。コーヒー産地はグローバルな規模で「ベルト」と表現できるほど連続して存在しているわけではありません。むしろ熱帯の中でも限られた適地に分散して存在しています。収穫面積はほかの作物に比べて決して大きくはありませんが、特定の地域に偏って存在しているわけでもありません。今後、「コーヒーベルト」という言葉に出合ったら、こうした留保付きで受け止めてほしいと思います。

なお、局地的な範囲では、コーヒー栽培地が連続して存在している地区は多々あります。例えば、コロンビア西部の北緯5度付近やブラジル南東部、規模は小さいですがハワイ島のコナ地区などにそうした地区があります。コナの一帯は実際に「コナ・コーヒーベルト」とも呼ばれています。コーヒーベルトという言葉はこうした局地的に集積した産地について本来は使うべきだと個人的には考えています。

コーヒー収穫面積の推移

すでに述べたとおり、FAOの統計によると、世界全体のコーヒー収穫面積は2013年時点で約10万km²です。実は1963年時点の値も約10万km²でした。すなわち半世紀の時を隔てた2つの時点でほぼ同じ水準にあったということになります。とはいえ、この水準が50年間ずっと変わらなかったかというと決してそうではなく、何度か大きな増減を繰り返して現在に至っています。

過去50年間のコーヒー収穫面積の推移を地域別に見てみると（図表2.2）、世界全体での増減を引き起こしているのは主に2つの地域だということがわかります。その地域とは南米と南・東南アジアです。

南米ではブラジルの寄与が圧倒的で、南米の収穫面積の推移はブラジルが左右していると言っても過言ではありません。1960年代から急激に減少し、1976年を底としていったんは増加に転じますが、1990年代以降は再び減少傾向にあります。現在のブラジルにおける収穫面積は1960年代の半分を下回る程度しかありません。この結果、全世界のコーヒー収穫面積に南米が占める割合は1960年代初めには約60％あったのが、現在では約35％にまで低下しています。

収穫面積増減の主な要因となっているもう一つの地域、すなわち南・東南アジアは南米と逆の方向に進んでいます。この地域の二大勢力がインドネシアとベトナムです。収穫面積は前者では1960年代から2000年代初めまで一貫して増加し、後者では1980年代半ば以降に著しく増加しています（1999年から2000年へと移るところで南・東南アジアの曲線に大きな変化がありますが、統計上の問題があったのかもしれません）。両国に比べて地味ではありますが、インドも着実に収穫面積を増やしてきています。いずれもカネフォーラ種を主に

図表2.2　コーヒー収穫面積の地域別推移

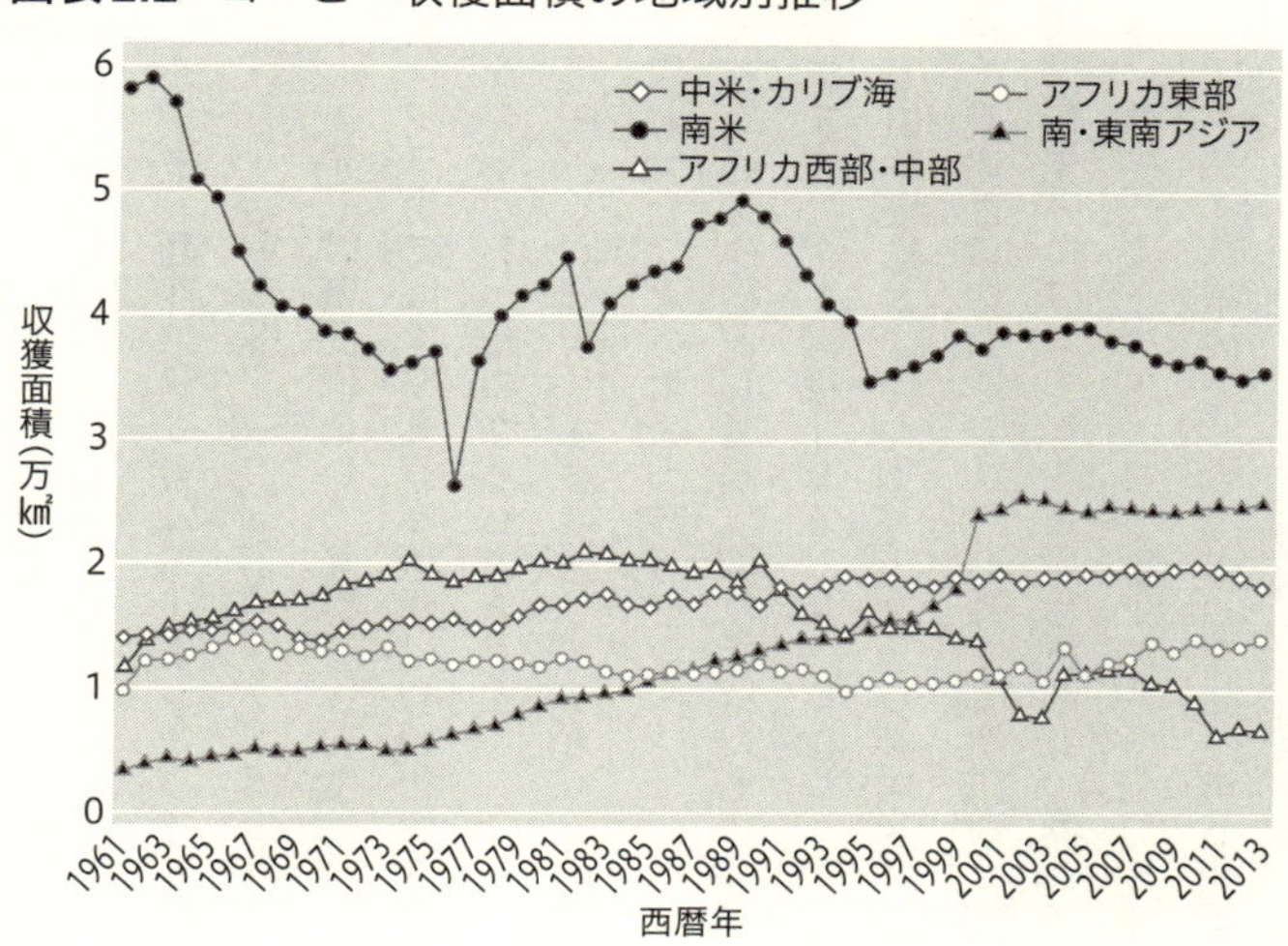

生産している地域です。

　収穫面積の地域別の推移でもう一つ見逃せないのが中・西部アフリカ（コートジボワールやガーナ、カメルーンなど）です（この地域は主にロブスタを生産しています）。１９８０年代にピークを迎えた後はほぼ減少の一途をたどっています。収穫面積という意味では位置づけが東南アジアと完全に逆転してしまいました（西部アフリカでは１９８０年代半ば以降カカオ豆の生産が増えています。コーヒーからカカオへのシフトがあったのかもしれません）。

　このように世界のコーヒー収穫面積は50年前と現在とでほぼ同じ水準にありますが、その間には紆余曲折があり、その過程で担い手も大きく変わったことがわかります。

　参考までに熱帯でコーヒーよりも収穫面積が大きい商品作物として前に取り上げたものの推移についてもコーヒーとの比較で簡単に触れておきます。ダイズは１９６０年代にはコーヒーの半分程度でしたが、主に南米（特にブラジル）での栽培拡大に伴って、１９７０年代半ばにはコーヒーを逆転しています。ブラジルでの現在の栽培面積はコーヒーの13倍を超えます（熱帯全体では4倍弱）。サトウキビの収穫面積は20世紀半ばにはコーヒーとほぼ同じだったのですが、過去50年間でサトウキビの方が着実に伸び、現在のような差（コーヒーの約2倍）が生まれました。ブラジルに限ると、逆転が起きたのは１９７０年代で、今ではコーヒーの5倍近くに達しています。

アブラヤシの収穫面積は20世紀半ばにはコーヒーの3分の1程度でしたが、１９８０年代から伸び始め21世紀に入ってからコーヒーを追い抜いてしまいました（現在では約１・６倍）。カカオの収穫面積は１９６０年代にはコーヒーのほぼ半分でしたが、その後、西部アフリカや東南アジアを中心に着実に増えて現在のような状況（コーヒーとほぼ同じ）になりました。

このように、熱帯で現在コーヒーよりも大きな収穫面積を占める商品作物も、昔からそういう状況にあったわけではありません。過去半世紀程度の間でコーヒーに追いつき、追い越したものが多いのです。農地の大きさという意味では、これらの商品作物の位置づけが次第に高まってきたのに対し、コーヒーの存在感は相対的に下がってきたといえます。これまで取り上げなかったキャッサバや茶を含め熱帯の主要な農作物の多くでは栽培・収穫面積が増加の一途をたどっているのに対し、紆余曲折はありながらも半世紀前とほぼ同じ水準にあるコーヒーは異色の存在といえるかもしれません。

生産量と面積あたりの収量

これまでは収穫面積に注目してきましたが、ここで生産量も視野に入れてみましょう。全世界のコーヒー収穫面積は50年前と現在とでほぼ同じ水準ですが、生豆生産量は50年前の2倍になっています（図表2.3）。すなわち、全世界を平均すると、同じ大きさの土地からの収穫量（生産性）が2倍になったということになります。とはいえ、全世界のコーヒー畑で生産性が一様に2倍になったわけではありません。ここにもやはり地域ごとに差があります。

アラビカ種を中心に栽培している中南米では実際に生産性の向上が起きました。ブラジルでは収穫面積こそ半減しましたが、生産性の向上はこの地域の中でも特に著しく、過去50年間で3倍程度になっています。面積が半減する一方で生産性は3倍になったので、生産量としては約1・5倍に増えていることになります。

カネフォーラ種については事情が少し複雑です。主要な生産地がもともと生産性の低かった西・中部アフリカからブラジルやもともと生産性の比較的高かった南・東南アジアに移り、移った先の諸地域（インドネシアを除く）で生産性がさらに向上しました。また、すでに見たとおり、南・東南アジアでは1990年代以降、収穫面積が増加しましたが、同じ時期に生じた南米と西・中部アフリカでの減少を相殺するまでには至りませんでした。

つまり、生産量増加の主な原因は、アラビカ種ではもともとの産地における生産性の向上であったのに対し、カネフォーラ種では産地の移動を伴う生産性の向上でした。こうした違いは両種の生産量の増加のしかたにも表れています。１９６０年代の平均生産量に対して２０１０年代の平均生産量が何倍になっているかというと、アラビカ種で１・７倍程度のところカネフォーラ種では実に4倍強にもなっています。この結果、全世界での生豆生産量に占めるアラビカ種とカネフォーラ種の比率も変化してきました。１９８０年代ごろまではアラビカ種75％対カネフォーラ種25％程度でしたが、１９９０年代末には65％対35％に、現在は60％対40％程度になり、カネフォーラ種の占める割合が次第に増えてきています（年によってはカネフォーラ種の比率が45％程度にまで上がること

図表2.3　世界全体のコーヒー生産量と収穫面積

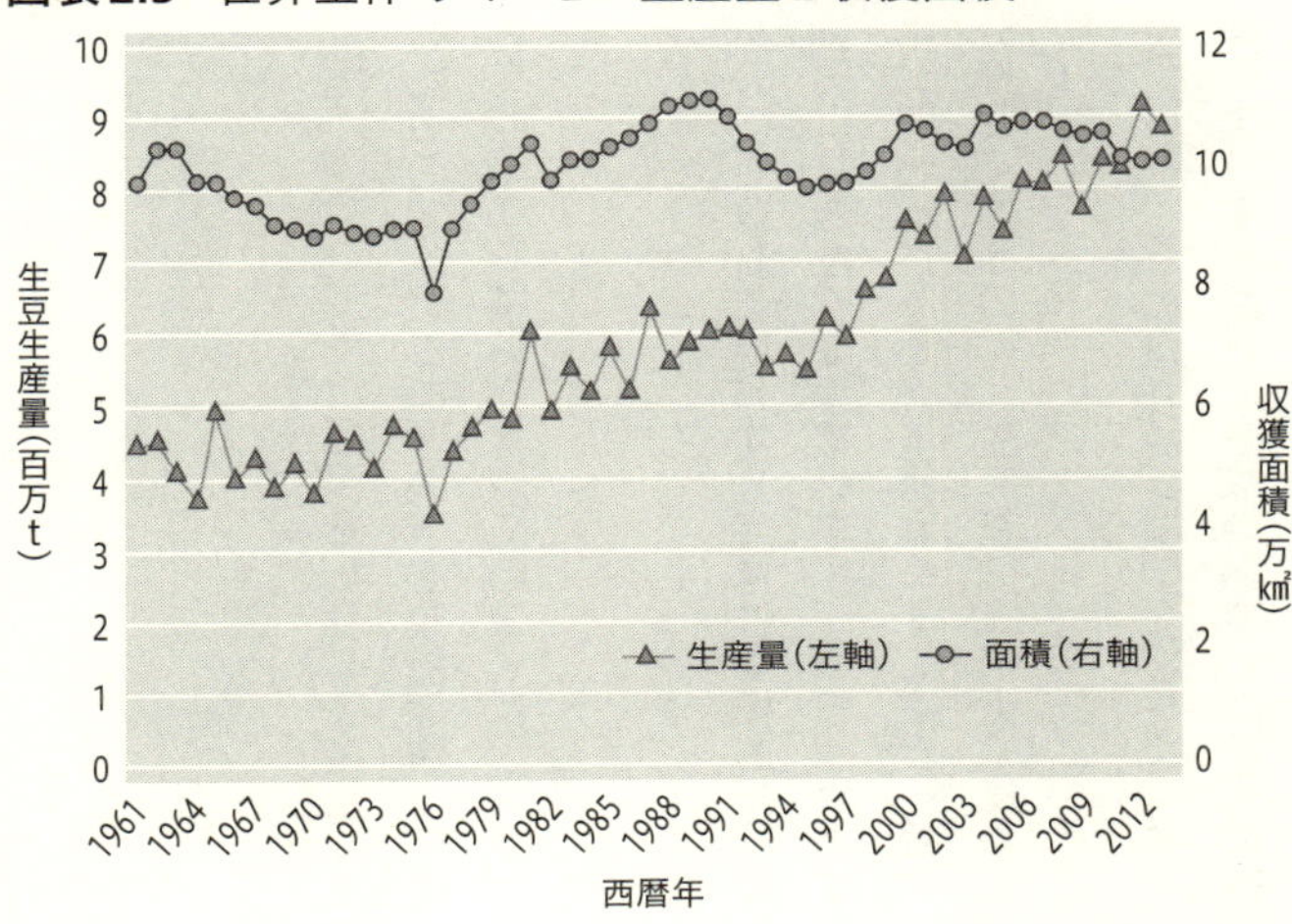

もあります）。

主要なコーヒー生産国

図表2.4は最近の生豆生産量が多い国（上位15カ国）について単位面積あたりの生産量（左側）と国全体の生産量、種別の内訳（右側）を示したものです。このリストを収穫面積上位国リスト（図表2.1）と見比べてみると、登場する国々の顔ぶれは似かよっていますが、ブラジルが圧倒的首位ということ以外には違いもあります。

生産量上位国リストの中で最も印象的なのは第2位のベトナムではないでしょうか。カネフォーラ種の生産量だけでブラジルの生産量全体の半分にも達していますし、単位面積あたりの生産量はブラジルだけでなくほかのどの生産量上位国よりも多くなっています。同じくカネフォーラ種を中心に生産している同地域の国インドネシアと比べるとベトナムのすごさが一層際立ちます。収穫面積ではインドネシアのそれの半分程度であるのに、生産量は3倍近くにもなります。実際、この生産性・効率性がベトナムの強みです。

とはいえ、ベトナムが現在の地位を占めるようになったのは比較的最近のことです。1980年代半ばまではインドネシアはおろかインドよりも生産量の少ない国でした。その後に起きた栽培地の拡大を伴う増産によって、1990年代半ばにインドを、同末にはインドネシアをも抜き去り、さらに成長を続けて現在のような特異な地位を占めるようになったのです。

伝統的なコーヒー生産国が居並ぶ中でベトナム同様に異彩を放つのが中華人民共和国（中国）です。雲南省を中心に本格的な増産に転じたのは2000年代初頭ですが、あっという間に上位生産国の仲間入りをしてしまいました。生産性も高く、栽培面積も拡大しているので、今後はもっと上位に進出してくるに違いありません。

図表2.4　主要生産国の種別生産量と単位面積あたり収量

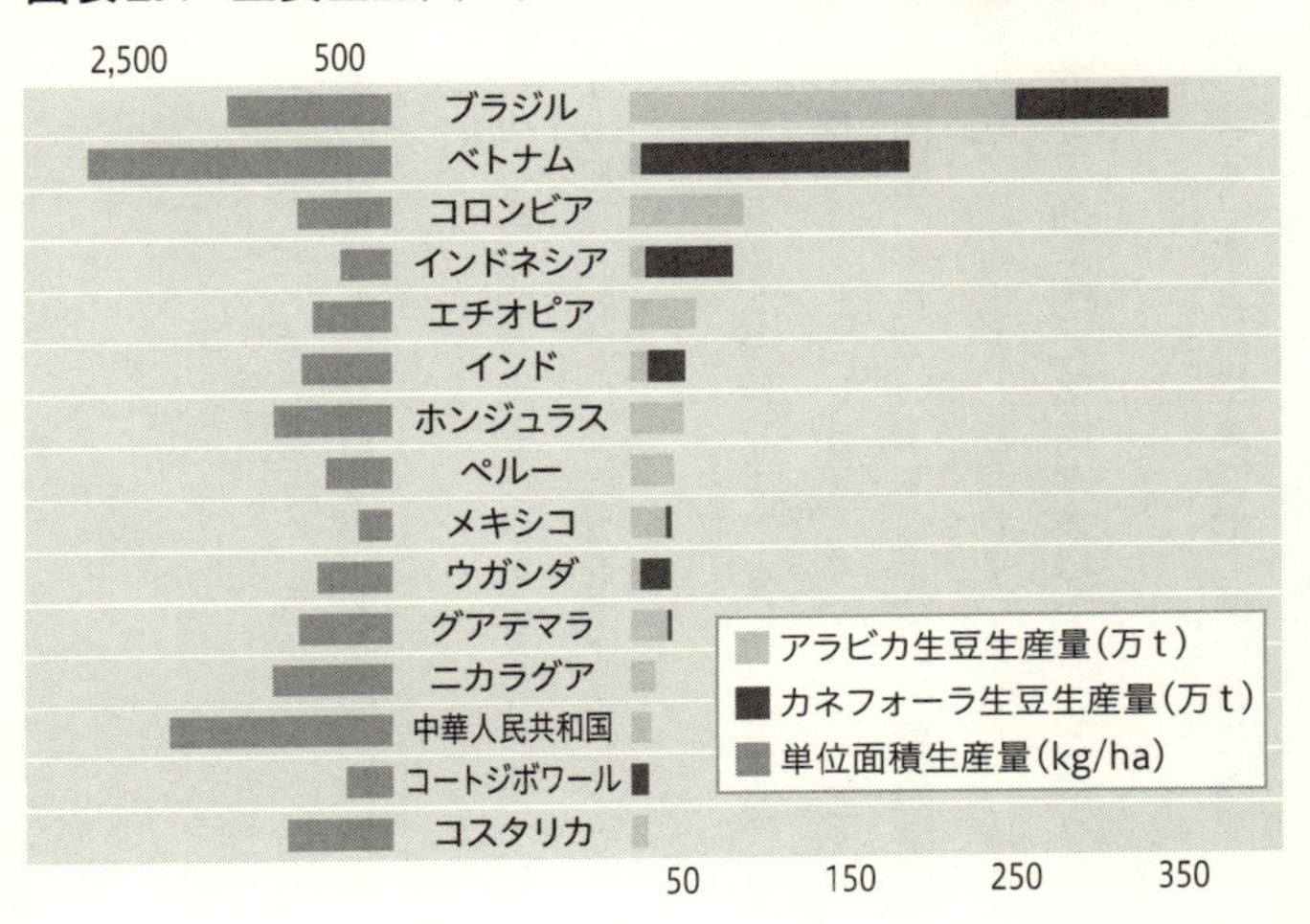

2 生産者の年間活動

ここまでコーヒーがどこでどれだけ生産されているのかを最もマクロな視点から他の作物とも比べつつ見てきました。

かなり概観的な話が続いたので、このあたりでもう少し具体的な話に移りましょう。第1章で述べたような生豆生産の活動が実際にどこでどのように行われているのかを見てみたいと思います。

事例として取り上げるのはパナマの「コトワ」とブラジルの「ダテーラ」という生産者です。コトワはチリキ県のボケテという町の近郊に複数の農地を有しています。ボケテは北緯8・8度、西経82・5度付近にあり、東・北・西の三方を山に囲まれています。市街地の標高は海抜約1100mです。カリブ海にも太平洋にも直線距離で70㎞ほどしか離れていません。山に囲まれ、海洋にも近いため、狭い地域ながらもその内部で局地的に気候が多様であるというおもしろい場所です。

コトワの複数の農地も異なる局地的気候の下にあります。農地の標高は最も低いところで海抜約1300m、最も高いところでは約1850mです。カトゥーラやゲイシャといった品種を栽培しており、精製では湿式も乾式も行っています。

ダテーラはミナスジェライス州の内陸部にあるパトロシーニョという海抜約950mの町の近郊に農地を有しています。そのおおよその座標は南緯18・75度・西経47度です。比較的平坦な場所にあり、標高は海抜約1150mです。大西洋からは直線距離で550km以上離れており、海からの影響は受けません。この一帯は「セラードミネイロ」と呼ばれ、1970年代半ば以降にコーヒーが栽培されるようになった、ブラジルでは比較的新しい産地です。ブラジルの中でも規模の大きな農園が集積しています。

コトワもダテーラも苗圃からドライミルまですべての施設を所有し、コーヒーの木の栽培から生豆商品の出荷まですべて自力で行うことができる生産者です。

誤解のないように述べておきますが、コトワやダテーラは典型的なコーヒー生産者ではありません。

全世界のコーヒー生産者のほとんどは小規模な農家です。ICOによれば、世界には2500万人の小規模コーヒー農家とその家族がいて、世界のコーヒーの70％を生産しています。彼らは普通、コーヒーの木を育てる畑や収穫物を乾燥させる場所（庭など）、単純な道具（せいぜい木製の果肉除去機など）しか持ちません。その意味でコトワやダテーラはごくわずかな例外的存在です。

コトワの農事暦

図表2.5はコトワのどの施設でいつ何が行われているかについて農園主のリカルド・コイナーさんが教えてくれたことを私がカレンダー形式に整理したものです。縦の行には時期、横の列には農園内の施設をとっています。

図表2.5はカレンダーということで1月から始めていますが、コイナーさんがくれた原版では5月から始まっていました。私が1月始まりにしてしまったため収穫期が分断されてしまっていますが、実際には11月から始まった収穫が年末年始をまたいで翌年の4月まで半年間続きます。

同じ圃場で半年間続くというより、標高の低いところから標高の高いところへと主な収穫場所が次第に移っていきます。標高の低い場所の方が温暖で果実も早く成熟するので、収穫もより低い場所から始まり、果実の成熟に合わせてより高い場所へ移っていくのです。

コトワではごく一部の圃場を除き4月で収穫が終わり、ウェットミルの稼働も終わるので、この月で1年のサイクルがいったん終わります。5月には苗圃で種をまいたり、圃場に苗木を移し替えたり、次の収穫に向けて成木の維持をしたりと、新たなサイクルが始まります。コイナーさんがカレンダーの原版を5月から始めていたのもそのためです。

このカレンダーを注意深く見ていくといくつかの興味深い点に気づきます。一つはゲイシャとカトゥーラで播種の時期と圃場移植時の樹齢が異なることです。

なぜこうした違いが出るのかというと「ゲイシャは根系が貧弱で幼いうちは耐病性も低いので、より大きく強くしてから圃場に移植したいから」（コイナーさん）です。

もう一つはウェットミルとドライミルの操業時期の違いです。ウェットミルは基本的に収穫時期だけ動きますが、ドライミルは収穫期の後半から動き始め、ウェットミルの操業が終了した後も操業を続け、より長い期間にわたって操業します。チェリーコーヒーは収穫後すぐに処理しなければなりませんが、ハスクコーヒーやパーチメントコーヒーはいったん貯蔵してから出荷に合わせてドライミルで処理していくことができます。こうした処理のタイミングの違いがウェットミルとドライミルの操業時期の違いとなって現れるのです。

なお、ウェットミルのところに乾式の処理も出てきますが、これは乾燥場での乾燥のことを意味しています。コトワでは乾燥場はウェットミルの一部だと考えています。

図表2.5　コトワ農園(パナマ)の1年

	苗圃	圃場	ウェットミル	ドライミル
1月	●除草	●収穫（中高度） ●堆肥を作成	●操業（湿式が中心）	●保守
2月	●施肥・灌水	●収穫（中高度と高高度） ●堆肥を作成	●操業（乾式と湿式の両方）	●保守
3月	●施肥・灌水	●収穫（中高度と高高度） ●堆肥を作成	●操業（乾式と湿式の両方）	●保守
4月	●施肥・灌水	●収穫（低高度と高高度） ●堆肥を作成	●操業（乾式と湿式の両方）	●操業
5月	●播種（ゲイシャ）	●除草 ●樹齢1年のゲイシャ苗木を移植 ●樹齢6カ月のカトゥーラ苗木を移植	●保守	●操業
6月	●培養土を準備（ゲイシャ幼苗用）	●施肥 ●樹齢1年のゲイシャ苗木を移植 ●樹齢6カ月のカトゥーラ苗木を移植	●保守	●操業
7月	●ゲイシャ幼苗を培養土が入った袋に移植	●日陰樹を剪定	●保守	●操業
8月	●施肥	●除草	●保守	●操業
9月	●除草 ●播種（カトゥーラ）	●施肥	●保守	●操業
10月	●ゲイシャ苗木に施肥 ●培養土を準備（カトゥーラ幼苗用）	●除草	●保守	●操業
11月	●除草 ●カトゥーラ幼苗を培養土が入った袋に移植	●収穫を開始（中高度）	●操業を開始（湿式が中心）	●操業
12月	●施肥	●収穫（中高度）	●操業（湿式が中心）	●保守

図表2.6　ダテーラ農園（ブラジル）の1年

	苗圃	圃場	ウェットミル	ドライミル
1月	●培養土を準備	●病害虫防除 ●手作業での除草 ●機械による除草		●操業
2月	●育苗用の袋を準備	●施肥（3回目） ●手作業での除草		●操業
3月	●播種	●手作業での除草	●保守・修理	●操業
4月	●灌水・施肥	●施肥（4回目） ●収穫に向け地面を準備	●保守・修理	●操業
5月	●灌水・施肥	●収穫に向け地面を準備 ●収穫を開始	●試験・調整	●操業
6月	●灌水・施肥 ●病虫害防除 ●剪定	●収穫	●操業（湿式と乾式の両方）	●操業
7月	●灌水・施肥 ●手作業での除草 ●病害虫防除	●収穫	●操業（湿式と乾式の両方）	●操業
8月	●灌水・施肥 ●機械による除草 ●病害虫防除	●石灰散布 ●収穫の終了	●操業（湿式と乾式の両方）	●操業（新収穫のコーヒーの処理を開始）
9月	●灌水・施肥 ●機械による除草 ●病害虫防除	●移植のため土壌を準備 ●施肥（1回目） ●病害虫防除 ●剪定・灌水	●操業（終盤に収穫されたもの） ●施設設備を清掃	●操業
10月	●灌水・施肥 ●機械による除草 ●病害虫防除	●堆肥を施用 ●機械による除草 ●灌水	●施設設備を清掃	●操業
11月	●灌水・施肥 ●機械による除草 ●病害虫防除	●施肥（2回目） ●病害虫防除 ●苗木を移植		●操業
12月	●良好な苗木を選抜	●機械による除草 ●手作業での除草 ●苗木を移植		●操業 ●保守と修理

ダテーラの農事暦

図表2.6はダテーラの農事暦です。苗圃からドライミルまでの各施設で行われている活動はコトワの場合とほぼ同じです。ウェットミルよりもドライミルの方がやはり長く操業しています（ダテーラの場合、ドライミルは一年中動いています）。

ただしコトワにない項目もいくつかあります。

中でも注目したいのが、圃場の4月と5月にある「収穫に向け地面を準備」です。これは収穫の際に果実を一粒ずつ手摘みしているコトワでは不要な作業ですが、大型の収穫機によって収穫しているダテーラには必要な作業です。収穫機のヘッド（カラー写真9の左上）にゆすられて木から離れた果実の大半は、収穫機の内部にあるベルトコンベヤーに拾われて地面に落ちずに回収されます。しかし一部はどうしても地面に落ちてしまうので、後で専用の機械で回収します。「地面の準備」とは地面に落ちた果実が汚染されるのを極力防ぐために、コーヒーの木の下をきれいにすることを指します。大型の収穫機を使う農園ならではの作業です。

半年ずれる活動時期

コトワとダテーラの農事暦を比べたときに気づく最も大きな違いは栽培・収穫の時期の違いではないでしょうか。

例えば苗木の圃場への移植の時期はコトワでは5〜6月なのに、ダテーラでは11〜12月です。収穫期もコトワでは11月〜翌4月なのに対し、ダテーラでは5〜8月です。期間の長短はあるものの同じ活動がほぼ半年離れて行われています。

コトワは北緯9度弱、ダテーラは南緯19度弱のところに位置するので、赤道を挟んで南北対称な位置にあるわけではは必ずしもないのですが、北半球と南半球で緯度の比較的高いところにある農園の栽培・収穫時期をコトワとダテーラはそれぞれよく表しています。

では、一年の中で正反対の時期に主な栽培活動や収穫が行われるのは一体なぜなのでしょうか。この疑問に答えるため、少し遠回りにはなりますが、熱帯（特にアラビカ種の産地）の気候やコーヒーの木と気象の関係について、まず触れておきたいと思います。

3 コーヒー産地の気候

コーヒー産地のほとんどは熱帯にあります。熱帯と聞いて私たちが想像するのは、年中暑くて、雨がたくさん降る場所でしょうか。

図表1.2にあるとおり、カネフォーラ種の産地の多くはそのような場所ですが、アラビカ種が好むのは少し違う場所です。ボケテとパトロシーニョを例に、アラビカ種の産地の気候について、もう少し実像に迫ってみましょう。

気温

図表2.7は東京（北緯約36度）とボケテとパトロシーニョの月平均気温を示したものです。

東京の場合、月平均気温の年較差、すなわち最も寒い1月と最も暑い8月の平均気温の差は21・5℃程度です。

これに対し、ボケテとパトロシーニョの月平均気温の年較差はそれぞれ2・6℃、4・4℃です。ボケテよりパトロシーニョのほうが年較差は大きいですが、それでも東京に比べて格段に小さい範囲に収まっています。

このように一年を通じて月平均気温に大きな変化がないのはボケテやパトロシーニョに限ったことではなく、コーヒー産地全般に当てはまる特徴です。場所による違いはありますが、ほとんどが5℃以内に収まるはずです。

月平均気温の年較差が小さいからといって、ボケテもパトロシーニョも気温が常時20～25℃あるわけではありません。どちらも高地にあるため気温の日較差（一日の最高気温と最低気温の差）、平たくいえば昼夜の寒暖差が低地に比べて大きくなっています。ボケテでは差が小さい月で9℃ほど、差が大きい月では14℃

図表2.7　ボケテ（パナマ）とパトロシーニョ（ブラジル）の平均気温

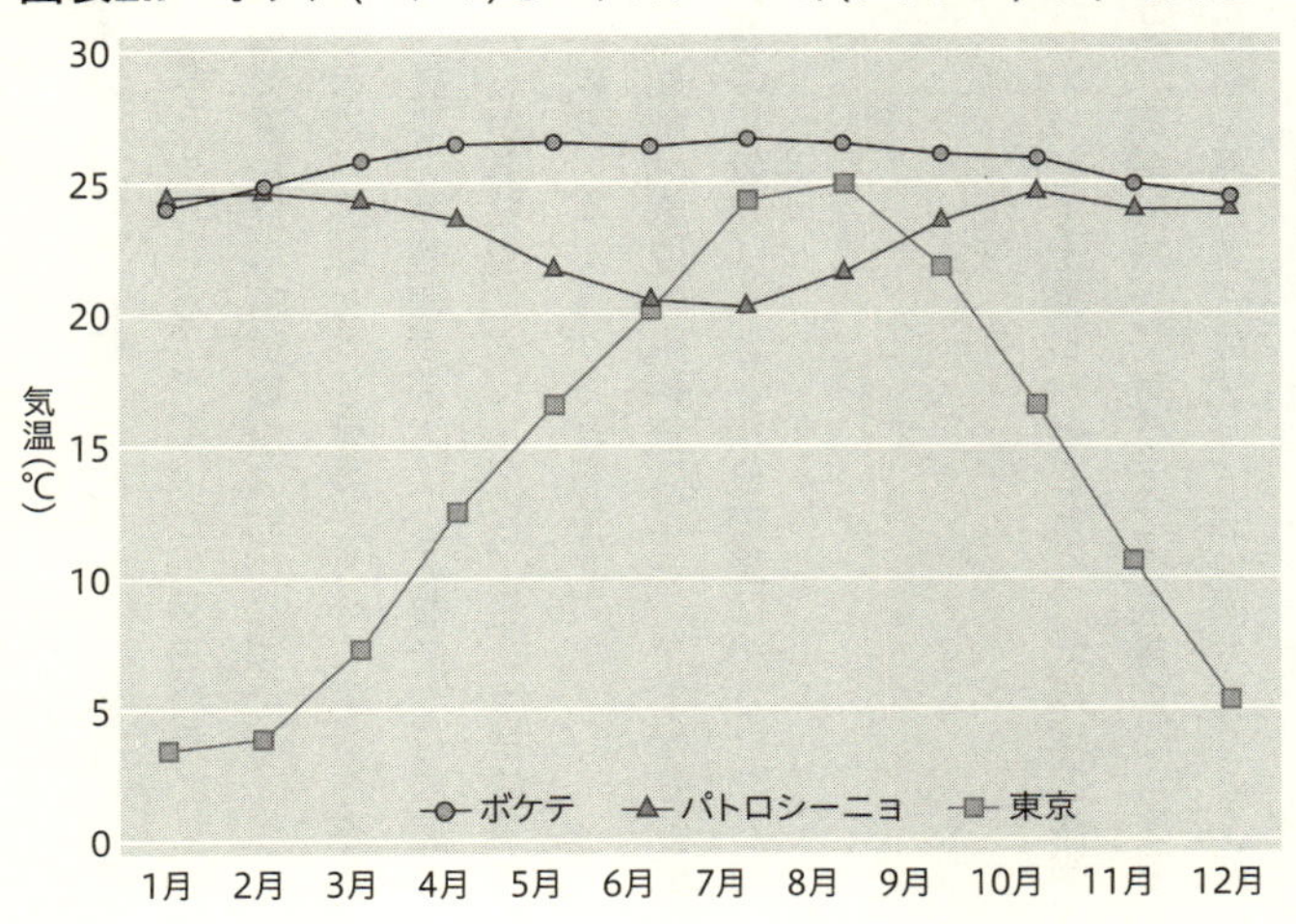

ほどあります（平均的には最高気温約32℃・最低気温約21℃で日較差は約11℃。いずれも平年の値。以下も同様）。パトロシーニョでも同様で、差が小さい月で9℃ほど、大きい月では15℃ほどあります（平均的には最高気温約28℃・最低気温約16℃で日較差は約12℃）。

どちらの産地でも夜間は昼間より10℃前後下がるので、昼間と同じ服装だと少し寒いと感じるほどです。参考までに東京ではどうかというと、昼夜の寒暖差が最大になる春でも日較差は7℃程度です。梅雨や秋の長雨のころには5℃ほどしかありません（ただし、最近は日較差が大きくなる傾向があるようです。日中の気温が平年よりも高くなったからです）。

このようにアラビカ種が栽培されるような熱帯の高地は気温の年較差は小さいですが日較差は大きい場所です。その意味で、温帯の低地（気温の年較差は大きいが日較差は小さい）と対照的な場所ということができます。

降雨

赤道付近では、強い日射の結果、下層の空気が暖められて上昇したところに、北半球と南半球から東よりの風（貿易風）が吹き集まってきます。赤道に沿ってできるこの前線のことを熱帯収束帯といいます。そこでは上昇気流に伴って積雲や積乱雲が発生し、強い雨がたくさん降ります。熱帯収束帯の影響下に年中にある地域は、地上で最も降水量の多い場所です。

熱帯収束帯で上昇した空気はやがて上空で南北に分かれて進み、緯度30度付近で下降して亜熱帯高圧帯を形成します（ここから熱帯収束帯に向けて吹き出す地上風が貿易風です）。亜熱帯高圧帯では雲ができにくく、あまり雨が降らないので、その影響下に年中ある地域は乾燥地帯になります（北アフリカのサハラ砂漠をはじめ世界の乾燥地帯の多くが緯度30度付近に見られるのはこのためです）。

日射量が最大になる場所（太陽が真上に来る場所）は常に赤道とは限らず季節変化します。地球の公転面に対し地軸が傾いているためです。熱帯収束帯と亜熱帯高圧帯もこれに伴って南北に季節移動します。すなわち、北半球の夏には北上し、冬には南下します。

熱帯収束帯が季節によってどれだけ南北に動くかは地域差もあります。赤道にごく近い緯度帯のうち熱帯収束帯の南北移動が小さい地域はその影響下に一年中あり、年間を通じて毎日のように雨が降ります。同じような緯度帯でも熱帯収束帯の南北移動が大きい地域は熱帯収束帯が年に2回通過し、そのときに雨がたくさん降ることがあります（雨季が年に2回ある状況です）。熱帯でもさらに高緯度側の地域は、一般に、夏には熱帯収束帯の影響下に入り、冬には亜熱帯高圧帯の影響下に入るため、雨季と乾季が年に1回ずつ、それぞれ夏、冬に明瞭に表れます。

ボケテとパトロシーニョはこれらのうち最後のパターンに該当します（図表2.8）。ボケテでは降水量が5月から10月までが多く、11月から翌年4月にかけては少なくなっています。パトロシーニョではほぼその逆で、4月から9月にかけては少なく、10月あるいは11月から翌年3月にかけては多くなっています。ボケテは北半球、パトロシーニョは南半球にあるので、雨季と乾季の時期はほぼ反対になっています。

雨季といっても熱帯収束帯によってもたらされるものは日本の梅雨とだいぶ様相が違います。梅雨の場合、一日中、雨がしとしとと降っていたり、どんよりと曇っていたり、というのが典型的な天気です。しかし、熱帯収束帯由来の雨季では、雨が一日中降っていることはあまりありません。典型的なパターンは、午後から夕方にかけて局地的な大雨が降るものの、それ以外の時間帯は晴れていて日差しが強い、というものです。熱帯の気象と温帯の気象とはさまざまな点で異なりますが、こうした雨の降り方もそのひとつです。

図表2.8を見て気づいたかもしれませんが、ボケテでは乾季の1～3月にもそれなりに降水量があります。この時期はカリブ海側から北東貿易風が吹いています。ボケテはカリブ海からそれほど離れておらず、両者を隔てる山地もそれほど高くないので、カリブ海からの湿気を含

んだ風は東の山地を越えてボケテにも多少の雨をもたらします。このためボケテの東部（特に高地）は乾季の間にもよく雨が降ります。

各コーヒー産地の実際の降雨状況は現地のさまざまな地理的条件によって変わります。雨季が熱帯収束帯に由来しない地域もあります。ボケテの乾季の雨はごく局地的なものでしたが、熱帯収束帯に直接由来しない降雨の中にはもっと大きなスケールで生じるものもあります。例えばインド（特に西海岸）で夏に降るたくさんの雨です。この雨をもたらすのは大陸内部に発生する低気圧に海から吹き込む湿った南西の季節風（モンスーン）です。

こうした地域差や例外はあるものの、一般

図表2.8 ボケテ（パナマ）とパトロシーニョ（ブラジル）の月別降水量

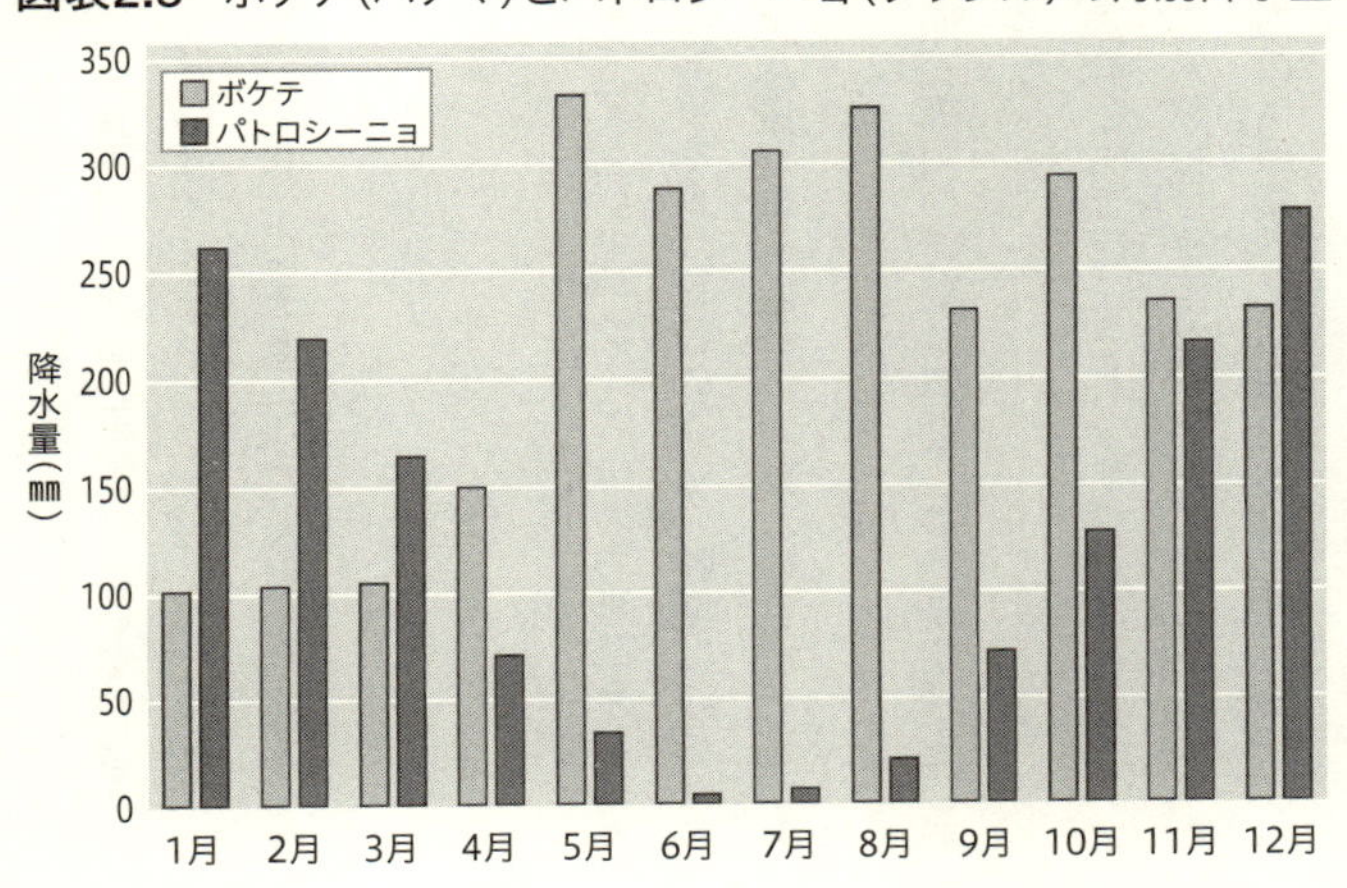

的には熱帯収束帯の南北移動とコーヒー産地の雨季の到来が対応すると考えてよいでしょう。北半球の夏に北上、冬に南下という熱帯収束帯の南北移動はイメージしやすいし、それを元に推測した雨季のタイミングは大半のコーヒー産地について当てはまる（少なくとも「当たらずとも遠からず」）からです。

開花と収穫の時期

コトワとダテーラの農事暦（図表2.5と2.6）とボケテとパトロシーニョの月別降水量のグラフ（図表2.8）を見比べてみると、どちらの産地でも降水量が比較的少ない時期に収穫が行われていることがわかります。収穫が始まる時期と降水量が増え始める時期に着目すると、どちらの産地でも両者はほぼ半年離れています。

こうした同期性は偶然ではありません。収穫の時期と降雨の時期は連動しています。そして両者をつないでいるのが開花です。

コーヒーの木の開花は水の到来（降雨や灌水）によって引き起こされます。ボケテやパトロシーニョのように明瞭な乾季がある場所の場合、乾季の終わりや雨季の初めに降る雨によって開花のスイッチが入ります。うまく受粉に成功したものは果実へと成長を始めます。受粉から果実・種子の成熟までに要する期間はアラビカ種で6～9カ月ほど、カネフォーラ種で9～11カ月ほどです。

コトワとダテーラで収穫時期が半年ずれるのは、雨季の始まる時期がほぼ半年ずれており（図表2.8）、雨季の初めごろに咲いた花に由来する果実が成熟するのに早くても半年ほどかかるからです。すなわち、雨の到来の時期が収穫の時期を左右しているのです。

ただし、実際に収穫期がいつになるかは品種やその場所の標高などにも影響されます。アラビカ種に限っても、品種により果実の成熟に要する期間は異なります。前述のとおり、同じ緯度なら標高の低い場所の方が温暖で果実は早く成熟し、同じ品種でも高度が上がるにつれて完熟までの時間を要するようになります。収穫期間はダテーラよりもコトワの方が長いですが、栽培地の高低差がコトワの方が大きいことが主な原因です。

前述のとおり、雨季と乾季が年に2回ずつある場所も熱帯にはあります。そうした場所の多くでは、それぞれの雨季に開花が一斉に起こり、それに対応して主な収穫期が年に2回あります。

ただし、雨季が年に2回あれば収穫期が必ず年に2回あるとも限りません。2回のうち1回の乾季がさほど明瞭でない（主要な乾季に比べて短かったり降水量の減り方が顕著でなかったりする）場合、その乾季が明けても大規模な一斉開花が起きないこともあります。

これは一斉開花に必要な水ストレス（水不足のためにコーヒーの木が感じるストレス）が足りないからといわれます。雨季が2回あるものの収穫期が1回しかない産地の例としてコロンビアのナリーニョ県（北緯1・5度付近）が知られています。

年中雨が降り、開花が年中起こるため、収穫も年中可能という地域もあります。そうした地域では蕾（つぼみ）や花と未熟な果実、熟した果実が同じ枝に同時に見られます。

こうした産地の例を先ほどのナリーニョと同じくコロンビアの地域から挙げるなら、ウィラ県の南部（北緯2度付近）です。ナリーニョ県と近い地域ですが、降雨・収穫パターンは対照的です。

というように、実際の降雨・開花・収穫の各時期にはさまざまなパターンがあり、緯度だけで一様に決まることはありませんが、一般的な傾向としては次のように覚えておくとよいでしょう。

赤道に近い低緯度地域では一年中雨が降ったり雨季と乾季が年に2回ずつあったりするため、収穫が年中可能だったり年に2回あったりします。熱帯の中でも高緯度側では明瞭な雨季と乾季が年に1回ずつあるため、一斉開花に伴う短期集中的な収穫期が1回あり、その時期は北半球では年末から年明け、南半球では年央です。

こうした傾向は、図表2.9～2.11でも確認することができます。

これらの図表は、主な産地の収穫期を北から南へと上下に並べて示したものです。着色してある部分が収穫期を示します。色の濃い部分は収穫量の比較的多い時期で、薄い部分は比較的少ない時期です。C（大文字）またはc（小文字）と記入されている部分はカネフォーラ種の収穫期を示し、記入のない部分はアラビカ種の収穫期を示します。年末から年明けにかけての収穫期は図上では分断されてしまっていますが、実際は連続しています。Jean Nicolas Wintgens (ed.), "Coffee: Growing, Processing, Sustainable Production (2nd Ed.)" のpp. 607-609の表などを元に作成しました。

図表2.10 アフリカ(イエメンを含む)の収穫期

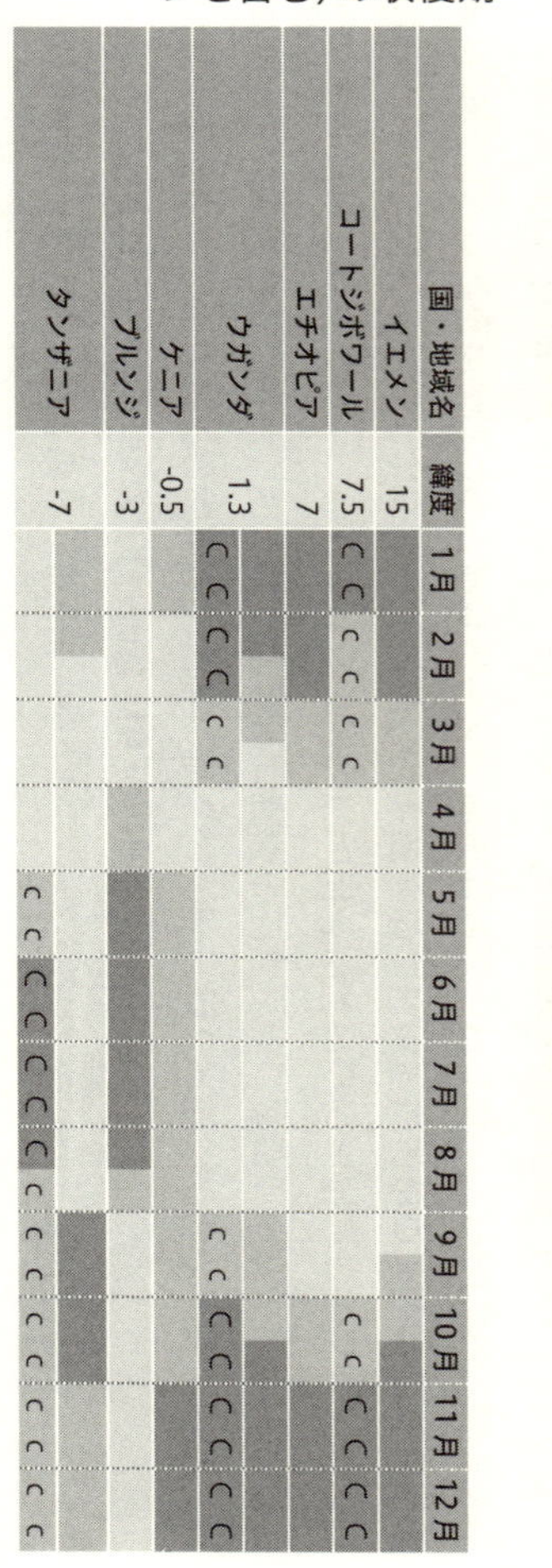

国・地域名	緯度	1月	2月	3月	4月	5月	6月	7月	8月	9月	10月	11月	12月
イエメン	15												
コートジボワール	7.5	∪∪	uu	uu							uu	∪∪	∪∪
エチオピア	7												
ウガンダ	1.3	∪∪	∪∪	uu						uu	∪∪	∪∪	∪∪
ケニア	-0.5												
ブルンジ	-3												
タンザニア	-7					uu	∪∪	∪∪	∪u	uu	uu	uu	uu

図表2.9 アジア・大洋州の収穫期

国・地域名	緯度	1月	2月	3月	4月	5月	6月	7月	8月	9月	10月	11月	12月
中華人民共和国	23.5												
タイ	19												
ベトナム	13.5	uu	uu	uu						uu	∪∪	∪∪	∪∪
インド	14	uu	∪∪	∪∪	u							u	uu
マレーシア	5.5	∪∪				uu	uu	uu			∪∪	∪∪	∪∪
インドネシア(アチェ州)	3.5	∪∪	∪∪	uu								uu	∪∪
インドネシア(北スマトラ州)	2		uu	∪∪	∪∪	∪∪	uu						
インドネシア(南スラウェシなど)	-6						uu	∪∪	∪∪	uu			
インドネシア(西ジャワなど)	-7.5					uu	∪∪	∪∪	∪∪				
オーストラリア	-22.5												

図表2.11　米州の収穫期

国・地域名	緯度	1月	2月	3月	4月	5月	6月	7月	8月	9月	10月	11月	12月
キューバ	21												
ハイチ	19												
ドミニカ共和国	19												
ハワイ（ハワイ島以外）	21												
ハワイ（ハワイ島）	19.5												
ジャマイカ	18												
プエルトリコ	18												
メキシコ	17												
グアテマラ	15												
ホンジュラス	14.5												
エルサルバドル	14												
ニカラグア	13.5												
コスタリカ	9.5												
パナマ	8.7												
ベネズエラ	8												
コロンビア北部（サンタンデル県など）	6.5												
コロンビア中北部（カルダス県など）	6												
コロンビア中南部（トリマ県南部など）	5												
コロンビア南部（ナリーニョ県など）	1.5												
エクアドル	-2.5												
							c c	C C	C C	C C	C c		
ペルー	-11												
ブラジル	-20												
						C C	C C	C c	c c				

4 輸出

収穫から精製までの工程については第1章で説明済みですので、ここでは輸出入について簡単に触れておくことにします。

輸送の距離と時間

コーヒー産地のある国（生産国）から輸出されるコーヒーのほとんどは生豆の形態をとります。さらにそのほとんどがコンテナ詰めされ船で運ばれます。多くの生産国は日本から遠く離れていることもあり、生豆が生産国を出発してから日本に到着するまで短くても1カ月程度、長いと数カ月かかることもあります。

第1章で見たように、収穫の後に行うさまざまな加工・処理や貯蔵などでも数カ月を費やすので、おおよその目安としては、各産地での収穫から日本への生豆の到着まで半年前後かかるととらえておくとよいでしょう。

日本は多くの生産国から遠く離れていると述べましたが、これについて面白い統計があります。生豆（カフェインを除去したものを除く）の輸出国からの平均距離に関する統計で、国際貿易センター（ITC）が出しているものです。

日本の2015年の値は12900kmでした。

日本単独ではこの数字の位置づけがよくわからないので、他の主要な生豆輸入国の値と比較してみましょう。生豆の2015年の輸入量で日本は世界第4位でしたが、日本より上位にいる3カ国の生豆輸出国からの平均距離はそれぞれ次のとおりでした。すなわち、米国（輸入量1位）約6900km、ドイツ（同2位）約8900km、イタリア（同3位）約8300kmです。

つまり、日本は生豆生産国まで米国の約2倍、ヨーロッパ諸国の約1・5倍も離れているということです。比較対象国を増やしても、生豆輸出国から平均距離が最も大きい消費国は依然として日本です。我が国はコーヒー産地から最も遠い国といえるかもしれません。

輸出国（生産国）からもともと遠いことに加え、最近は生豆が入ったコンテナを積んだ船がアジアのほかの国に寄港してから日本に入ることも多くなり、日本への輸送にますます時間がかかるようになっているようです。

輸送中（や陸上での保管中）に生豆の劣化を防ぐ取り組みも高品質な生豆を中心に最近は行われるようになってきています。コンテナや倉庫の内部を一定の温度・湿度に保つことや生豆の包材をバリア性の高いものにするといったことがそうした取り組みの例です。

石油に次ぐ一次産品？

「コーヒーは石油に次いで世界で2番目に取引額の多い一次産品」という説明を見聞きしたことはありませんか。いつごろから言われるようになったか定かではありませんが、日本のみならず欧米でも広まっている言説です。

残念ながら（？）これは正しくありません。

『コーヒーの歴史』の著者であるマーク・ペンダーグラスト氏が業界誌「ティー&コーヒー・トレード・ジャーナル」の2009年4月号に寄せた記事によると、生豆は確かに一時期は開発途上国が輸出する商品としては2番目に価額の高いものでした。その情報の出所は国連貿易開発会議（UNCTAD）の年次報告書1988年版・1990年版だそうです。とはいえ、ここでも「世界」ではなく、あくまでも「開発途上国」（当時の呼び方では「第三世界」）となっていることに注意が必要です。

現在では一次産品全体ではなく農産物だけに限っても、生豆は首位ではありません。再びFAOの統計によると、2011年から2013年の平均輸出額が最も多いのはダイズで、小麦、トウモロコシ、コメと続き、生豆はその次です。加工度の高いものを加えると、パーム油や砂糖、天然ゴムなどが生豆よりも上位に来ます。農産物に限らず鉱物なども含めた一次産品全体だと生豆の順位は当然ながらさらに下がります。

「石油に次いで世界で2番目に取引額が大きい一次産品」という言説はかつても決して正しかったわけではないのですが、現在はさらにその有効性が低下していると思われます。かつて「第三世界」と一括りにできた国々は今やさまざまに変貌を遂げています。

生豆生産国の大半が開発途上国であることから、コーヒーは昔から「南北問題」と絡めて語られてきました。しかし、今日、そのことを語る際には、開発途上国の変貌(と先進国との相対的地位の変化)をきちんと踏まえる必要があります。

5 日本での輸入

本章の締めくくりとして、日本がどんな国から生豆を輸入しているのか見ておきましょう。図表2.12は全世界への輸出量の多い国と、日本への輸入量の多い国を、市場占有率（シェア）で示したグラフです。世界シェア第1位のブラジルから第4位のインドネシアまでは、日本でのシェアも同じ順位で並んでいます。ベトナムを除き、これらの国々は世界シェアよりも日本シェアの方が多くなっています。特にコロンビアやインドネシアにとって日本はお得意様と呼べるかもしれません。

さらに興味深いのは第5位以下です。世界シェアと日本シェアの順位が一致しなくなり、日本の好みがよく表れているからです。

日本の好みが特に表れているといえそうなのは、グアテマラやエチオピア、タンザニアあたりでしょうか。グアテマラは缶コーヒーの原料としても使用されていますし、エチオピアとタンザニアはそれぞれ「モカ」、「キリマンジャロ」として古くから人気があります。

反対に日本で不人気が目立つのがホンジュラス、インド、ペルー、ウガンダ、メキシコあたりでしょうか。ホンジュラスやペルー、メキシコはアラビカ種を輸出していますが、価格的なメリットはブラジルに及ばず、品質的なメリットではコロンビアやグアテマラに及ばず、日本では中途半端な位置づけになってしまっているように思われます。すなわち、積極的に購入する理由が見出しにくい産地なのです。ただし、ホンジュラスやペルーの一部では品質を高める取り組みが進みつつあるので、日本でのシェアを今後伸ばす可能性がないわけではありません。

　インドやウガンダは主にカネフォーラ種を生産していますが、日本は同種

図表2.12　生豆の世界全体への輸出と日本への輸入における主要生産国のシェア

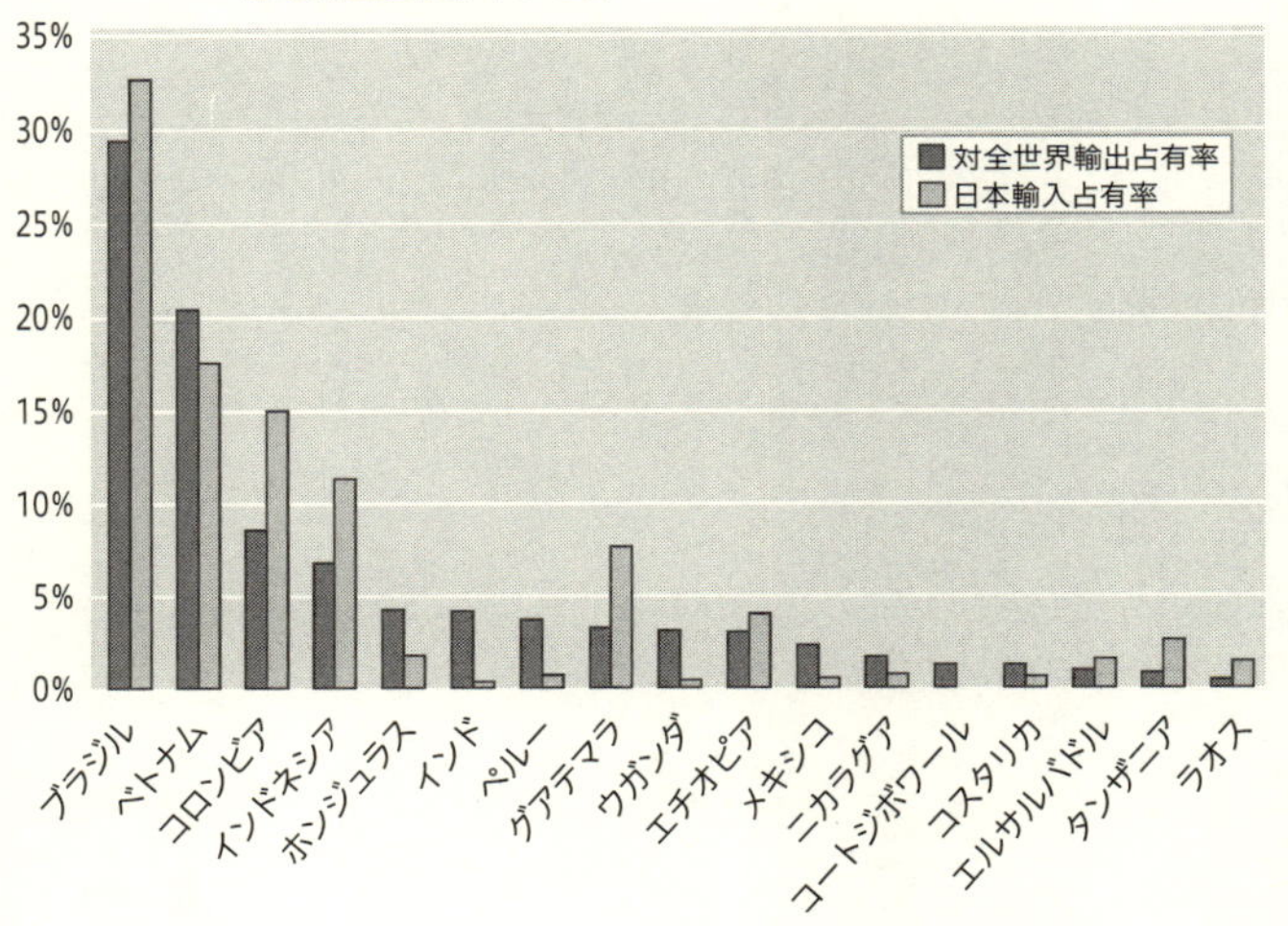

を主にベトナム産やインドネシア産でまかなえてしまっているのでしょう。生豆の平均輸入価格もその方が安い（特にベトナム産は日本に輸入される生豆の中でも最安）ですし、インド産やウガンダ産を使用する理由があまりないのかもしれません。

Chapter 3

生豆から飲み物まで

第1章と第2章では、生豆生産段階について、ミクロな視点とマクロな視点から見てきました。この段階は図表1.1でいうと右側の部分に相当します。

この第3章では同図の真ん中から左の部分であるコーヒー加工段階、すなわち生豆を加工して最終的に飲み物にするまでの段階に焦点を当てます。

焙煎から抽出まで順を追って見ていくものの、「はじめに」で述べたとおり、コーヒーのおいしい淹れ方を使用器具別に解説したり、焙煎のテクニックを指南したりはしません。かといって、第1章の後半のように詳しい技術的記述や応用的な情報が続くわけでもありません。むしろ当たり前すぎて見過ごされていることがらを中心に述べています。

その意味では、第3章はもっとも基礎的でやさしい内容だと思いますので、第1章後半で面食らった人にも安心して読んでほしいと思います。

1 焙煎

コーヒー加工段階の最初の工程は焙煎です。

焙煎によって生豆は焙煎豆に変わります。焙煎豆こそ、私たちが普通は「コーヒー豆」と呼ぶものです。

焙煎に関する知識はさまざまですが、まずはコーヒーを買うときに知っておきたい基本的なことを押さえておきましょう。

コーヒーらしさを生み出す工程

焙煎は生豆を加熱する工程であると第1章の冒頭で簡単に触れましたが、豆自体が急激に（少なくとも化学的には最も急激に）変化するのがこの工程です。加熱されることで生豆が元々持っていたさまざまな物理的・化学的特徴が失われる一方、私たちに身近なコーヒーらしい香りや味、色（の元になるもの）が生まれます。

色と焙煎度

焙煎によってコーヒー豆に生じる変化のうち、見た目に最も明らかなのは色です。生豆のときは薄緑色だった豆の色が焙煎によって茶色に変化します。コーヒーを焙煎豆の状態で購入する人は、コーヒー豆の色には明るい茶色（薄茶色）からほぼ黒色に近いもの（濃褐色）まであることをご存じでしょう。

焙煎豆の色は加熱の程度（焙煎度）を示す指標としても用いられています。焙煎度を上げる（たくさん加熱する）方向の変化を「焙煎が深くなる」といいますが、これは焙煎度を上げると色が濃くなることと感覚的にもマッチする表現です。一般に、焙煎が「浅い」と豆の色も明るく、焙煎が「深い」と豆の色が暗いという対応関係があります。

焙煎度を表すのに用いられる言葉には「浅煎り」や「深煎り」のほかにも、その中間の「中煎り」「中深煎り」などがあります。それ以外にも「〜ロースト」という表現もよく用いられます。中でも頻出するのが「ミディアムロースト」や「ハイロースト」「シティロースト」「フルシティロースト」「フレンチロースト」「イタリアンロースト」あたりで、この順に浅煎りから深煎りへと並んでいます。

なお、「ハイロースト」はこの中では焙煎度が比較的低く、「中煎り」程度に該当しますが、その字面から深煎りだと間違えられることも多いようです。「ハイロースト」は本来「ミディアムハイロースト」だったようで、これなら字面からも「中煎り」だと想像がつくのですが……。

焙煎度と味わい

焙煎度によりコーヒーの味は大きく変わります。一般に焙煎が「浅い」方が苦味は弱めで酸味が強く、「深い」方が苦味は強いものの酸味は弱いという対応関係があります。

味だけでなく、香りや口あたりも焙煎度によって変わります。一般に浅煎りの方が軽やかな甘い香りがし、ものによっては花や果実を思わせる香りがします。口あたりは酸味とも相まって少し渋味を感じることがあるかもしれません。

焙煎が深くなるにつれ、香りは濃厚な甘味を連想させるもの（例えばナッツやキャラメル、バニラ、チョコレート）からスモーキーなものへと変化します。口あたりは次第に滑らかさや濃厚さを増していきますが、やがて軽めに転じることもあります。

「モカ」や「キリマンジャロ」といった銘柄のコーヒーは酸味が強いという印象を持っている

人も多いのですが、いずれも焙煎が深ければ酸味は少なくなっているはずです。どんなコーヒーも焙煎度を抜きにして味わいを決めつけることはできません。

焙煎に使われるものとロースターの仕事

焙煎は生豆を原料として投入し、焙煎豆を成果物として回収する工程です。豆の温度を上げるために熱も投入されますし、豆を動かすことも行われます。その過程に人と道具が関わります。

原料である生豆は、そのままの形で（すなわち事前に切断・挽砕されず）一定量まとめて焙煎工程に使用されます。

すでに述べたとおり、生豆の多くは楕円体を縦半分に切ったような形をしており、粒径は1㎝前後で、自重の10％程度は水分です。しかし、これは平均像に過ぎず、生豆が生物由来の資材である以上、同じロット内の生豆どうしの間にも物理的な面と化学的な面で実際にはある程度のばらつきがあります。ロットが異なれば、その平均像も異なります。

焙煎工程に関与する人はロースター（焙煎人）です。その役割は、作り出すべき焙煎豆についてイメージを持ち、原料と利用可能な手段を用いてそのイメージを実現することです。そのために焙煎前と焙煎中に得られる情報をもとに随時判断を行い、その判断を元に道具を操作して、豆の変化を望ましい方向に導きます。

焙煎に使用される道具は通常、専用の機械で「焙煎機」と呼ばれます（焙煎は手網などの小さな道具でもできますが、ごく少量の場合に限って使われます）。焙煎機にはさまざまな規模・方式・機構のものがありますが、その大半に共通しているのは、生豆を加熱する部分（加熱室）と焙煎豆を冷却する部分（冷却室）の両方を備えていることです。次のような機能も共通しています。

・加熱室内の状態・状況を変化させるための機能
・冷却室内の状態・状況を変化させるための機能
・豆を動かす機能
・加熱室内の状態・状況をロースターが把握するための機能
・焙煎豆以外の生成物（煙など）を処理するための機能

コーヒー焙煎の意外な複雑さ

コーヒーの焙煎では、生豆をそのままの形で一定量まとめて加熱します。当たり前のようですが、実はこれがコーヒー加工の最も重要な特徴のひとつです。少なくとも、これが「豆を焼く」という一見シンプルな工程を意外と複雑で難しいものにしています。そして同時にメリットも提供しています。

それはなぜなのか。まずは複雑さや難しさの方から考えてみましょう。

コーヒーの風味の元になる化合物を生み出すさまざまな化学反応は豆の内部で起こります。この一連の化学変化は非常に複雑であり、しかも、どのような化合物がどれだけ生成し残留するかは、原料の生豆の化学的組成（出発点）と焙煎度（到達点）だけでは決まらず、出発点から到達点までどのような道筋をたどったかでも変わります。

焙煎中、加熱室内ではコーヒー豆が相互に接触しながらも、熔解したり融合したりせず、終始、独立した「粒」として振る舞います。したがって、個々の豆の周囲には常に外部環境が存在していて、豆は外部環境と個別に相互作用します。すなわち、外部環境からの熱の受け取りや、豆内部の成分（水分など）の外部環境への放出は豆単位で独立して起きています。

生豆は前述のような大きさや形、密度、水分を伴う「粒」であり、かつ、そうした属性は個体ごとに少しずつ違います。このため、少なくとも焙煎の途中までは、豆の表面と内部で状況（温度や水分など）に違いがあり、かつ、焙煎の進行状況も豆どうしの間で完全に同じではありません。加えて、生豆の平均像はロットごとに違っています。

このように焙煎中の加熱室内は実に複雑な状況にあります。個々の豆の内部では複雑な化学変化が進行しており、豆の集団の状況も決して一様ではありません。ロットによる生豆の性質の違いもあるので、ロットが違えば豆の変化のしかたも違います。

一方、こうした複雑な状況についてロースターが焙煎前と焙煎中に得られる情報は限られています。計器を使って客観的に把握できるのは加熱室内の特定の場所における空気の温度ぐらいのものでしょう。それ以外は、焙煎中に加熱室から取り出せる少量のコーヒー豆や、焙煎機全体の状況を通じて、自分の視覚や聴覚、嗅覚などの感覚で得る主観的な情報が中心です。

生豆の内部の状況が重要なのに、その情報を直接得ることはできません。なので、ロースターは焙煎中に得られる断片的な情報を自分のイマジネーションで補い、豆の状態を判断して、焙煎機の操作に反映させなければなりません。しかし、ロースターが自分の判断に基づいて直接制御できるのはあくまでも加熱室の状態・状況、すなわち豆の外部環境だけです。個々の豆を直接に操作することはできません。

つまり、焙煎中のコーヒー豆の状況は非常に複雑であるのに対し、ロースターがその状況の把握と制御に使える情報と手段は非常に限られているということです。個々の豆の変化という

「ミクロ」な事象に対し、ロースターは「マクロ」な情報・手段しか持たないと言い換えてもいいかもしれません。

このある種ミスマッチな状況がコーヒーの焙煎の複雑さや難しさをもたらしているのであり、その根本原因は生豆をその形のまま加熱することにあります。

難しいのになぜ豆のまま？

そこまでして「豆のまま加熱」を続けるのはなぜなのでしょうか。切断・挽砕して細分化・均質化してから加熱するという選択肢はないのでしょうか。

そうした選択的対応がされている農作物由来の製品もあります。チョコレートです。同じく熱帯で栽培される「豆」から作られる嗜好品ということで、コーヒーの比較でよく引き合いに出されるチョコレートの原料カカオ豆では、豆のままで焙炒（ばいしょう）する方法が主流ですが、工程の順番を入れ替えて、先に粗く破砕するか細かく粉砕してから焙炒する方法もあり、用途に応じて使い分けられています。

同じようなことがコーヒーではできないのでしょうか？　残念ながら、それはできません。第1章の終わりで述べたとおり、生豆はとても堅固です。そのため適切なサイズに均一に切断・挽砕するのがそもそも困難です。コストを度外視して実行するとしても、サイズを優先すると粒度が不揃いになり、均一な加熱をかえって阻害します。粒度を揃えようとすると微粉化せざるをえず、そうすると焙煎時に成分が過剰に揮散したり、そもそも望ましい化学変化が起きにくくなったりといった別の問題が生じるかもしれません。むしろ、豆のままで加熱するからこそ、私たちの知っているコーヒーらしい風味が生まれると言えるのかもしれません。

こうしてコーヒーの場合は生豆のままの加熱が唯一の現実的な選択肢です。

なお、「豆のまま加熱」に伴うこうした問題を少しでも緩和する取り組みはもちろんなされています。

一つは生豆を粒ぞろいにすることです。第1章で見たさまざまな生豆選別は生豆自体をできるだけ均質にするために行われています。生豆の均質性は焙煎豆の均質性に直結するので、生豆の品質において均質性は非常に重要な要素です。

もう一つは焙煎技術の改良です。豆の表面を焦がさずに内部までしっかりとムラなく火を通せる技術や、それを大量の豆に対して短時間で効率よく実現する技術が考案され、実用化されてきました。とはいえ、これらはあくまでも緩和策であって、「豆のまま加熱」に本質的に伴う難しさが解消されたわけではありません。

2 焙煎による豆の変化

焙煎されるとコーヒー豆はどのように変化するのでしょうか。色についてはすでに述べましたので、ここではそれ以外の物理的な変化のうち主なものを取り上げます。化学的な変化については、ぜひ「はじめに」で掲げた二著を参照してください。

重さ

色ほど直感的にはわかりませんが、豆の重さや大きさ（体積）も、そしてこれに伴って豆の密度も実は大きく変化しています。

まず重量ですが、飲用に適した範囲で最も浅い焙煎でも焙煎豆の重さは生豆のときの90％弱程度になっています。焙煎を進め、最も深煎りの豆になると80％を割り込むようになります。

重量が減少するのは、生豆に含まれていた水分の蒸発が大きな要因ですが、その他の成分（生豆にもともと含まれていたものと焙煎によって生じたものの両方）が揮散することも要因です。

生豆重量に対する焙煎豆重量の比率は焙煎度によって変わりますが、平均的には84％程度と覚えておくのもよいかもしれません。というのも、国際コーヒー機関（ICO）が1kgの焙煎豆を元の生豆に換算した重さを1・19kgと定めているからです。すなわち、焙煎豆から見れば元の生豆の重さは1・19倍あったということになりますが、生豆から見れば焙煎されることで重さが84％程度に減ってしまうということを意味しています。

余談ですが、焙煎の進行に伴って重量が減るということは、同じ重量（例えば200g）の焙煎豆を得るために必要な生豆は深煎りほど多い、ということを意味しています。すなわち、ほかの条件が同じならば、深煎り豆ほど原価が高いとも言えます。

大きさ

飲用に適した焙煎度の範囲では、焙煎が進むほど豆の大きさ（体積）は増えます。すなわち、同じ生豆を使っても焙煎が浅いよりも深い方が豆は大きくなります。ただし、重量の場合と異なり、体積は焙煎の途中までは減少し、その後、増加に転じるという変化のしかたをとります。すなわち、豆はいったん縮んでから膨らみます。途中まで体積が減るのは豆から水分が抜けるためです。途中から増えるのは豆内部の圧力の高まりによります。

飲用に適した焙煎度の豆について焙煎前後を比べると、重量の変化よりも体積の変化の方が大きい傾向があります。あくまでも目安ですが、浅煎りの場合、重量が10％程度の減少のところ、体積は1・5倍程度の増加、深煎りになると、重量が20％程度の減に対し、体積は2倍近くにまで増えます。ただし、膨張度は豆の温度の上がり方によって変わり、急激な上昇の方が膨張度も大きくなります。

密度

焙煎によって豆の重量が減る一方、体積は増えるので、当然、密度は大きく低下します。豆のままの状態で比べると、密度は浅煎りでも生豆の半分強、深煎りになると4割程度にまで落ち込みます。水に対する生豆の比重は重いものでも1・3程度だったので、飲用に適した焙煎度の豆は浅煎りのものでも豆のままでは水には沈みません。

コーヒーをいれる際、メジャースプーンなどでかさ（体積）を目安に豆や粉を量っている人は、焙煎度に応じた密度の違いを知っておくとよいでしょう。もし毎回同じ体積の豆または粉を使っているのにもかかわらずコーヒーの濃度に違いが出る場合は、使用している豆の重さが違うからかもしれません。重さでの計量に切り替えるか、焙煎度に応じてメジャースプーンでの杯数を増減させるとよいでしょう。

かたさ

コーヒー豆のかたさも焙煎によって大きく変化します。焙煎豆は一見、硬そうですが、大きく膨張している事実からもわかるとおり、すでに「堅」（中がつまっていて砕けにくい）状態ではなくなっています。実際に噛んでみると簡単に噛み砕ける状態です。想像どおり、浅煎り豆よりも膨張している深煎り豆の方がもろく指で押しつぶすことできてしまいます。

この「もろさ」とも関係するのでしょうが、同じ条件で粉砕した場合、浅煎り豆よりも深煎り豆の方が全体としてより細かくなる傾向があるようです。

活性化

重量や体積のように一時点で測れるものではありませんが、豆の状態が変化する速さは焙煎の前後で大きく変わります。生豆の場合、極端な環境条件下（高温多湿など）に置かれない限り、状態は安定しています。短時間で大きくは変化せず（少なくとも人間の感覚では変化が検知できず）、特に強いにおいを発するものでもありません。しかし、ひとたび焙煎によって急激な変化を遂げると、コーヒー豆は「活性化」したとも呼べそうな状態になり、環境条件の影響も受けやすくなります。

特に顕著なのが香りの成分（香気成分）の揮散の活発化です。焙煎によって生じたさまざまな香気成分は、やはり焙煎によって生じた炭酸ガスとともに焙煎豆からどんどん出ていきます。

コーヒーの風味の劣化が「酸化」のせいだとよく言われますが、高温多湿の環境や強い光が当たる場所に放置しない限り、焙煎後、少なくとも数日から1カ月程度は、香気成分の減少の方がコーヒーの風味の変化に大きく影響を与えているようです。

焙煎豆はこのように変化・変質しやすいことから、その保存のしかたは避けて通れない問題です。これについては、節を改めて取り上げることにします。

生豆で輸送されるわけ

少し話が戻りますが、焙煎によるこうした変化を知ると、ほとんどのコーヒー豆が生産国から消費国へと運ばれてくる際に、より安定した「生豆」という形態をとることも納得できます。

確かに、生豆ではなくレギュラーコーヒー（焙煎豆やそれを粉砕したもの）として輸出入されるものがあるのも事実です。しかし、生豆に比べ、国際取引されるレギュラーコーヒーは格段に少量です。これまでの説明では、単純化のため、消費国に輸入されるコーヒーはすべて生豆であるかのように表現してきましたが、これは実態を反映してのことでもあります。

国連の関連団体である国際貿易センター（ITC）の統計によると、2014年に全世界でレギュラーコーヒーが輸出された量（生豆換算）は同時期の生豆の全世界輸出量の約6分の1です。近年の日本に限れば、レギュラーコーヒーの輸入量（生豆換算）は生豆の2％程度しかありません（財務省貿易統計）。ただし、日本への輸入量については関税の効果を考慮する必要があります。生豆は無税ですが、レギュラーコーヒーの最大税率は20％です。

ちなみに、生豆よりも加工度の低いハスクコーヒーやパーチメントコーヒーで輸出入されない理由にも触れておきましょう。ひとつは、不要なものが付いていてかさばることです。1kgの生豆を得るのに必要なハスクコーヒーとパーチメントコーヒーは、それぞれ2kg、1・25kg程度です。もうひとつの理由は、生豆にした方が圧倒的に選別の精度が高まることです。生豆にして初めて可能になる選別によって除去される欠点がいくつもあります。生豆の均質化も生豆の選別抜きには不可能です。

焙煎という言葉

しばらく硬めの話が続いたので、ここでちょっとコーヒーブレイク的な話題を挟みましょう。これまで何度も使ってきた「焙煎」という言葉そのものについて少しだけ触れておきたいと思います。

「焙煎」という熟語を構成する「焙」「煎」という漢字はそれぞれ「あぶる、火気にあてて熱する、ふっくらさせる」、「いる、火にかけてからからにする」という意味を持ちます。そう考えると、コーヒーらしさを生み出すため行う生豆の加熱を形容するのに「焙煎」はぴったりのような気がします。

しかし「焙煎」という言葉はおかしいという主張もあります。ひとつは読み方についてで、「焙」の音読みは「ホウ」と「ハイ」だけで「バイ」はないのだから「バイセン」とは読めないという主張です。でも、漢和辞典を引いてみると「焙」には「バイ」という音読みもちゃんと存在しています（『新明解現代漢和辞典』）。同じ漢和辞典によれば、むしろ「ホウ」の方が慣用音という位置づけです。ということで「焙煎」は自信をもって「バイセン」と読もうではありませんか。

もうひとつの主張は「煎」という漢字の意味についてです。この漢字は本来「エキスだけを取り出すためによく煮る」ことを意味するのだから、生豆の加熱に「焙煎」を使うのは不適切だといいます。でも、前述のとおり、「煎」には「火にかけてからからにする」という意味もあるので、「焙煎」という使い方にも問題はないと思います。

ちなみに、コーヒーの焙煎を英語ではロースト（roast）と表現します。「ロースト」はオーブンの中などで乾式加熱するという意味です。乾式加熱とは水を使わず対象物を加熱する方法のことで、具体的には、焼く・あぶる・いる・炒める・揚げるなどを指します（一方、ゆでる・煮る・蒸すなどは湿式加熱といいます。熱源から加熱の対象物へ熱を伝える媒体に水や水蒸気を使います。水蒸気を用いるという意味では、プロパンガスなど燃焼ガスがそのまま豆に当たる方式の焙煎を厳密には「乾式加熱」とは呼べないのかもしれません。そうした燃焼ガスには水蒸気も含まれ、その凝縮熱による加熱もあるからです）。

一般に行われているコーヒーの焙煎は「焼く、あぶる、いる」に該当しますが、趣味の範囲であれば、油で揚げても生豆は「焙煎」できます。『コーヒー「こつ」の科学』の中で著者の石脇氏はアマチュア時代に生豆を油で素揚げしたらうまく焙煎できたと書いています。石脇氏の指導の下、私も実際にやってみたことがありますが、できあがりは確かに「焙煎豆」でした。ただし、「油で揚げる」の英語はもちろん「フライ（fry）」です。ローストではないので、その点はお間違えなきよう。

3 焙煎前後の選別

図表1.1には示していないのですが、焙煎工程の前後でそれぞれ生豆、焙煎豆の選別が行われることがあります。

焙煎前の生豆の選別は、生産国で行われる選別を補完する意味が強いのですが、焙煎豆の選別は、生豆生産段階とコーヒー加工段階の全工程を通じても、焙煎後にコーヒーが豆のままの状態にあるときにしかできない活動です。品質への影響も大きく、実は見逃せない工程といえます。

焙煎前選別

焙煎業者が入手した生豆商品には第1章で述べたディフェクトがまだ混入していることがあります。品質の低い生豆商品ほどディフェクトの混入率が高い傾向がありますが、高品質なものでもディフェクトが皆無ということはほとんどありません。

焙煎業者の中には生豆の選別を行ってから焙煎に投入するところもあります。大手業者は比重や磁力による選別を機械で行って小石や鉄片などの異物を取り除いています。小規模業者では機械よりも人手（目視）による選別が中心です。

焙煎後選別

焙煎してみると個々の豆の状態に多かれ少なかればらつきが生じます。場合によっては生豆のときに除去できなかった欠点や、焙煎して初めてわかる不良豆などが見つかることもあります。焙煎後選別はこうした欠点や不良豆を除去するために行われます。

ところで、「焙煎」の節（第1節）で「豆のまま」焙煎にはメリットもあると述べました。そのメリットが現れるのはまさにこの焙煎後選別の工程においてです。どういうことかご説明しましょう。

すでに述べたとおり、コーヒー豆は焙煎されても熔解や融合をしたりせず、独立した個体のままです。不良豆も当然、豆のままの状態です。不良品が良品の間に細かく拡散することはありません。焙煎中に砕けてしまった豆は不良品ですが、サイズの違いからふるい分けすることができます。良品と同程度の大きさがある不良豆は色など外観に違いがあれば、それだけをピンポイントで除去することができます。

すなわち、少数の不良品のためにロット全体が汚染されることがないため、不良品が混入するロットでも不良品だけを除去すれば、ロット全体を不合格にする必要がないのです。むしろ、焙煎後の選別によってロット全体の品質を向上させることができます。これは豆のまま焙煎されるというコーヒーの本来的な特性に由来するメリットです。

繰り返しですが、焙煎後選別は、コーヒー生産・加工の全工程を通じてこの段階でしか除去できない不良品を除去できる貴重な機会です。品質志向を標榜する業者なら、この機会は積極的に活用すべきだと私は思います。

そういう意味で、この段階をどう取り扱っているかにその業者の品質に対する考え方が如実に表れます。小石などの異物は後工程や顧客に物理的な損害を与える可能性があるので、必ず取り除かなければなりません。しかし、そうした明確な「脅威」ではなく、コーヒーの味わいに悪影響を及ぼす可能性のあるもの（十分に色づかなかった豆や焦げてしまった豆、壊れてしまった豆など）をどうするかはその業者の任意です。

もしあなたが焙煎豆の状態でコーヒーを買っているなら、豆の見た目のばらつきもぜひチェックしてみてください。ブレンド商品の場合は豆の色や大きさ・形にある程度のばらつきがあるのは当然ですが、それ以外のケースでは粒ぞろいの商品を選んだ方が無難です。

店頭で販売員と話す機会があれば、焙煎前後の選別をどうしているのか聞いてみるのもよいでしょう。その業者の方針を明確な理由とともに説明できて、それがその業者の商品の実態と矛盾していなければ、きっと信頼のおける業者です。

焙煎後選別の方法について簡単に触れておきましょう。

方法はさまざまですが、焙煎豆はもろいので、堅固な生豆のときには可能だった「手荒な」選別はできず、あくまでも焙煎豆を壊さない手法がとられます。

焙煎業者の規模にかかわらずよく用いられるのが磁力選別です。目的は磁性を帯びた異物(鉄片や小石など)の除去です。

大手は包装後にX線による検査を行うのが一般的です。これも異物の検出を目的として行われます。

小規模な業者では人手による対応が中心になります。単に異物の除去にとどまらず、コーヒーの風味に悪影響を及ぼすリスクが高いと思われる豆も丁寧に取り除いている業者もあります。

4 粉砕

コーヒーにおいて「粉砕」とは一般的に焙煎豆を細かく砕く工程を指します。焙煎されてもろくなった豆は簡単に粉砕することができます（そういう意味では、焙煎の目的は飲み物としてのコーヒーに必要な成分を作り出すことだけでなく、次工程の「粉砕」のために豆を砕きやすい状態にすることでもあると言えるかもしれません）。

粉砕の目的は次の抽出工程の効率を高めることです。焙煎工程と異なり、コーヒー豆に化学的な変化を起こすことは意図されていません。目指すのは、コーヒー豆をできるだけ均等に細分化するという物理的な変化だけです。

焙煎と抽出の間に挟まれて、粉砕はとても地味な工程です。コーヒーのおいしさを左右する要因として、「生豆7割、焙煎2割、抽出1割」などとよく言われますが、こうした表現の中でも他の工程の間に埋没しています。こんなに注目度が低いのは、あくまでも抽出のための準備であり、抽出の付随的工程と位置づけられるからでしょうか。それとも、豆よりも粉としてコーヒーを買う人が多く、そういう人たちからは見えない工程だからでしょうか。

しかし、だからといってその重要度が低いわけではありません。粉砕は保存性と抽出効率への影響を通じてコーヒーの風味を直接・間接に左右するからです。特に、いつ、どのように粉砕するかで、影響のしかたと大きさが変わってきます。

保存性への影響については次の「保存」の節（第5節）で述べることにします。

抽出効率への影響について詳しくは取り上げませんが、一点だけ指摘しておきます。販売時点で粉砕済みの製品は抽出の直前に粉砕したものと比べドリップ時にあまり膨らみません。このためお湯が粉の層を通りにくくなっていて、抽出に余計に時間がかかる場合があります。

コーヒーの販売店は抽出のレシピをお客さんに提供していることが多いのですが、そのレシピは焙煎してから間もない豆を粉砕して得た粉にすぐにお湯を注ぐことを想定して作られていることもあります。そうすると、粉砕済みの製品にそのレシピを適用しても適切な抽出ができないかもしれません。レシピどおりに抽出してコーヒーが濃すぎたり苦すぎる場合は、お湯を注ぐ勢いを強めたり、1回に注ぐ量を増やしたりして、抽出時間が長くなりすぎないよう工夫してみてください。なお、どのように粉砕するかを含め、コーヒー豆の粉砕について詳しいのは、石脇氏の『コーヒー「こつ」の科学』です。Q39からQ46までがこのテーマに充てられているので、参照をお勧めします。

5 保存

基本は豆で購入

前述のとおり、焙煎豆はとても変化・変質しやすいものです。加熱加工されたものであるにもかかわらず、焙煎豆の状態を「鮮度」という言葉でとらえる人もいるほどです。

どんなコーヒー本にもあるとおり、焙煎豆は長期の保存を考えるよりも早めに消費する方がよいのは間違いありません。長期に保存しても熟成と呼べるような好ましい変化は起きず、時間の経過とともに品質は低下するばかりだからです。

とはいえ、現実にはすぐに飲みきれない量を買わざるを得ない場合もあるので、次善の策として適切な保存方法を知っておくことも役に立つはずです。

これもどんなコーヒー本にもあることですが、豆の状態で買って差し支えないならぜひそうすべきです。焙煎豆も香気成分を保持する力は決して強くありませんが、粉に比べたら「香りのカプセル」ともいえる状態です。豆のままだったら「内部」だった多くの部分が粉に挽いた途端に「表面」になり、外部に露出することになります。粉砕によって全体の表面積は100倍にもなるといわれます。表面からは香気成分が揮散しますし、表面は外部からの影響も直接受けるので、それだけその粒の変化が速くなります。焙煎後から数日で使い切るにしても、香気成分の喪失、抽出時のふくらみの減少を通じて豆と粉では風味にやはり大きな違いが出るので、できる限り豆で購入し、抽出の直前に粉砕してもらいたいところです。

とはいえ、あらかじめ粉になっている利便性が優先される場合もあるでしょう。そんなときは保存性を高めたもの（例えば脱酸素剤が入っていたり、不活性のガスが充填されていたりするもの）を購入するか、ご自身で保存性を高める工夫をすることをお勧めします。

ただし、回避したいのはカチカチに固まった「真空パック」です。粉が固まって包材と隙間もない状態であるということは、粉からガスがすでに出ていないということです。香気成分も多くが失われてしまっているでしょう。その「真空」状態で鮮度保持に有効な程度まで酸素が除去されているかどうかも不明です。残存酸素が悪さをしない水準にまで酸素濃度を低下させるため真空引きすると、通常の缶ならへこんだり、プラスチックフィルムの包材なら破れたりすることがあるようです。これらを考えると、「真空パック」はその印象に反し、コーヒーの鮮度維持に実質的な有効性があるとは言えません。

冷凍保存の是非

「ご自身で保存性を高める工夫を」と述べましたが、高温多湿のところや光の強いところに置かないというのは保存性の低下を回避するための手段として当然としても、保存性を向上させる手段として家庭で実践できて効果があるのは温度を下げること、特に冷凍保存でしょう。一般的に温度が10℃下がると変化の速度が半分になるといわれますが、コーヒーにもこれが当てはまるからです。

確かに冷凍保存には賛否両論があります。特に温度低下によって吸湿しやすくなることが問題視されます。水分はコーヒー豆の変化を促進する大きな要因なので、吸湿させない方が保存には有利です。そういう意味で最悪なのは、冷凍庫から出してすぐ（常温に戻す前に）開封し、そのまま常温で保存することです。豆が最も多くの水分を吸収し、その後、その水分が悪さをしやすい温度下に置かれるからです。

しかし、冷凍庫から出した直後に開封しても、使用分だけ容器から取り出してすぐに密閉し再び冷凍庫に戻すならば、これを繰り返しても品質には問題ないと私は考えています。冷凍庫から出し常温に戻してから開封しその後は常温保存するよりも、むしろ長期にわたって品質が維持できるとも思います。いずれも自分の経験に基づく考えです。科学的に確たることは言えないのですが、水分の作用よりも温度低下の作用の方が優越するのではないでしょうか。

なお、冷凍庫から出して焙煎豆をすぐ挽いても問題ありません。冷凍庫から出した直後のものは冷たいので抽出温度がその分下がるのは確かですが、それほど大きな影響はないと思います。気になるのであれば、粉が常温に近づくまで少し待ったり、最初に投入するお湯の温度を少し高めにしたりすればよいでしょう。

これまでに示したように、冷凍保存に対する懸念には「確かにもっともだ」と思うものが大半です。しかし、合理性のまったくない主張を見かけることもあります。例えば、焙煎豆の冷凍保存を生肉や生魚、水分の多い野菜（葉物野菜など）の冷凍保存と同列に扱う主張です。曰く、「冷凍の際に焙煎豆の内部の水分が膨張して細胞を破壊し、解凍の際に旨味成分である脂分とともに溶け出す。すぐ飲む分には問題ないがその後常温保存すると脂分が酸化し、鮮度が急激に劣化する」。驚きです。しかも、これは消費者が言い出したことではなく、プロ（焙煎業者）が説明していることなのだそうです。信頼しているプロの説明ならば購入者が信じるのも無理はありません。それだけにプロの責任は重いのです。この「焙煎豆＝生肉・生魚」説に触れ、コーヒー業界の闇は深いと改めて思い知りました。

6 抽出

コーヒー加工段階の最後にあり、私たちに最も身近である工程が「抽出」です。コーヒーに関するさまざまなテーマの中でも、「抽出」は、古今東西、最も注目されているもののひとつでしょう。数多く出版されてきたコーヒー関連書籍のほとんどが何らかの形でこのテーマを取り上げています。切り口もたくさんあり、技法や器具やその歴史的変遷、抽出・濾過（ろか）の原理など、実にさまざまです。

なので、コーヒーの抽出について知りたいことがあったら、まずは大きな書店か図書館に行って自分の疑問に答えてくれる本を探してみるとよいでしょう。案外「これ」というものが見つかるかもしれません。もちろん、石脇氏と旦部氏の著作も間違いなくお勧めです。

「抽出」その狭義と広義

コーヒーにおける「抽出」は狭義と広義の両方に使われています。狭義には、レギュラーコーヒーの粉を水（お湯）と接触させ、粉の成分を水に取り出すことを指します。これが「溶媒を使って原料中の成分を分離すること」という「抽出」の本来の意味に近い使い方です。

しかし、狭義の「抽出」によって得られるコーヒー液は私たちが馴染んでいる飲み物としてのコーヒーとはまだ異なります。この段階の抽出液はコーヒーの粉と混ざったままで濁った状態だからです。この濁った液体からコーヒーの粉（固体）を何らかの方法で取り除いて初めて、私たちに馴染みのあるコーヒーが得られます。こうした、固体と液体の分離（固液分離）までを含めた一連の工程が広義の「抽出」です。

本書でも「抽出」を狭義と広義の両方の意味で用いますが、区別が必要と思われるときは狭義か広義かを明示することにします。

さまざまな固液分離

コーヒーにおける固液分離、すなわち狭義の抽出液（濁った状態のコーヒーの液体）からコーヒーの粉（固体）を分離する方法として用いられるのは、沈降分離と濾過の二つでしょう。

沈降分離はコーヒーの粉が重力の作用で沈む現象（沈降）を利用して行う固液分離です。例えば、カッピング（215ページ）でもコーヒー粉の大半を分離するためにこの方法が用いられています。コーヒープレスでも注湯からプランジャーを押し下げるまでの間に生じる粉の沈降を固液分離の補助的な手段として利用しています。

　濾過は濁ったコーヒー液の中の粒子をフィルター（濾材）で捕捉する固液分離法です。濾材を通過した液体（濾液）は元の抽出液よりも清澄度が高い状態になっていて、これこそが私たちに馴染みのあるコーヒーです（なので、「抽出液」ではなく「濾液」と表現した方が本来は適切かもしれません）。

　濾材というと、私たちはペーパードリップの濾紙やネルドリップの濾布、フレンチプレスの金属やナイロンのフィルターといったシート状の薄い濾材のことばかり思い浮かべてしまいがちです。しかし、コーヒーの粉の層自体も濾材の役割を果たします。ここでいうコーヒーの粉の層には、抽出開始前から存在する層と、濾過の進行とともに形成される層の両方が含まれます。

　後者は濾紙や濾布で濾過が進むにつれ、その面上で捕捉されたコーヒー粉（粒子）が次第に形成する層で、これを濾過ケークといいます。ケークが成長すると、濾過は元のシート状の濾材（濾紙や濾布）ではなくケークの表面で行われるようになります。例えば、ペーパードリップでドリッパー内のコーヒー粉とお湯の混合物を攪拌（かくはん）した後で静置すると、攪拌しなかった場合に比べ濾過が遅くなることがありますが、これは濾紙上のケークがより厚く形成されるためではないかと思われます。

なお、先ほど出てきたコーヒープレスの場合もプランジャーを押し下げるのではなく引き上げるように使えばケーク濾過の働きを利用できるようになり、抽出液の表面に浮かぶ泡も除去できます。

この場合、通常とは逆にプランジャーを押し下げておき、元の濾材（金属やナイロンのフィルター）が容器の底面にある状態でコーヒー粉を投入し、さらにお湯を注ぐという順序での使い方が必要です。プランジャーを引き上げるときにコーヒー粉が元の濾材の上にケークを形成し、次第にケークで濾過が行われるようになります。最後には表面に浮く泡もこのケークが回収することもあり、通常の使い方に比べ清澄度の高い濾液が得られます。

元の濾材を濾紙などにすれば、微粉はほとんど除去され、濾液の清澄度はさらに高まります。とはいえ、微粉が「売り」のコーヒープレスでここまでやる意味はないかもしれませんが……。コーヒー滓（かす）がたくさん付着したプランジャーの置き場にも困りますし、実用的かどうかは判断がわかれるところでしょう。

ちなみにプランジャーを押し下げるのではなく引き上げるこの方法は「フレンチプル」と呼ばれているそうです。

なぜ抽出が必要なのか

唐突ですが、ここで質問です。私たちがコーヒーを抽出するのはなぜでしょうか？

ちょっと漠然としているので、次のように言い換えてみます。コーヒーの主流的な楽しみ方は、なぜ焙煎豆をそのまま食べることでも、抹茶のように微粉状にして水で薄めて飲むことでもなく、成分を溶かし込んだ水を飲むことなのでしょうか？

例えば、カカオの場合、コーヒーと同じく種子を原料とし、これを焙炒して利用されるものでありながら、チョコレートとして食べることもでき、ココアとして飲むこともできて、いずれも主流の楽しみ方です。飲み物としてのココアは、種子そのものの固形分（油脂分を除いたもの）の微粉末を水やミルクに分散させたものです。固形分が溶けずに微粒子としてそのまま液体中に存在する濁った液体を私たちは飲んでいるのです。

なぜコーヒーはチョコレートのように食べたり、ココアのようにして飲んだりするのが主流の楽しみ方ではないのでしょうか？

それは、そのように楽しむのにコーヒーが向いていないからです。もっと根本的には、コーヒー豆には圧倒的多数の人がおいしいとは感じない部分が含まれるからです。それは単に口あたりのせいだけでないのも明らかです。もし口あたりだけの問題ならココアのように粉末を水に分散させてそのまま飲めばよいことになります（そのような飲み方も一部にはありますが砂糖をたくさん入れるという条件付きですし、決して主流ではありません）。

通常のドリップの場合、コーヒー豆全体の成分の20％程度しか引き出していません（インスタントコーヒーを作る場合は40％近くになりますが、これは造粒のしやすさのためでもあります）。それを1～2％程度の濃度のコーヒー液（すなわち、98～99％が水）として飲んでいるわけです。

私たちは抽出（広義の抽出）という作業によってコーヒーのおいしいと思える成分を選択的に回収しているのです。抽出（狭義）に水を使う時点ですでに選択はなされています。回収されるのは水（お湯）という媒体に溶け出しやすい成分が中心になるからです。

コーヒーの成分が溶け出した水も、コーヒーの粉も多量に交じっていると十分にはおいしくないと私たちは感じ、沈降分離や濾過といった固液分離をさらに行います。ここではコーヒー由来の固体（粉）は除去するという選択を行っています。最終的には、濾材（フィルター）の材質を含め濾過のしかたを調整することで、焙煎豆に含まれる成分から自分にとって望ましいものを選択し、飲み物として仕上げています。

どんなコーヒー抽出方法でも焙煎豆の成分の一部を選択的に回収しています。どの抽出方法を選ぶかは焙煎豆のどの成分を引き出したいか、すなわちどのようなコーヒーが飲みたいか次第です。どのようなコーヒーが飲みたいのかは個人の嗜好によるものであり、そこに優劣はありません。

したがってコーヒーの成分をどれだけたくさんそのまま引き出せるかという基準では、抽出方法の絶対的で普遍的な優劣は決まりません。あくまでも自分がほしいと思うコーヒーを得るのにどれだけ適しているかという相対的で個人的な尺度しかそこにはないのです。

最近、「コーヒー本来の風味が楽しめるから」と特定の抽出法や特定の材質のフィルターを売り込もうとする事例が見受けられます。抽出する際にそのコーヒーがもともと持っていなかった風味を付けてしまうのは論外ですが、そうでないなら、どんな抽出方法やフィルターであっても「コーヒー本来の風味は楽しめる」はずです。

抽出は選択です。その人なりの「コーヒー本来の風味」を選び出しているのです。方法や器具はその選択を最も効果的に実現してくれるものであればよいのではないでしょうか。

原理と実践の橋渡しのために

抽出の原理や技術は他書がすでに説明しているので、本来は本書で取り上げることがらではありません。しかし、原理や仕組みを理解しても実際の抽出時にテクニックとしてどう応用したらよいかわからないといった声を耳にすることもあります。本書がその悩みを直接解消することはできませんが、原理や仕組みの知識と実際の技術の橋渡しになるかもしれないので、ドリップ練習のやり方の一つをここで提案したいと思います。

ドリップで上手にコーヒーをいれられないときに、何をどう変えれば味わいを効果的に改善できるのかわからないこともあります。ドリップでは味わいに影響する要素が多く、どの要素がどれだけ作用しているのかが簡単にはわからないからです。ドリップの場合、お湯の温度や粉の粒度、お湯と粉の量のバランスといった基本的な要素以外にも、お湯をいつ、どれだけ、どのように、何回注いだか（すなわちお湯の注ぎ方）によってもコーヒー液の味わいが変わります。基本的な要素を固定しても味わいが一定しないのであれば、問題はむしろお湯の注ぎ方にあることになります。

もし注いだお湯の量に応じて流れ出るコーヒー（濾液）の量が変わるタイプのドリッパーを使っている場合、どういうお湯の注ぎ方をしたときにどんな味わいの濾液がドリッパーから流れ出たか（すなわち、どんな操作をしたらどんな結果が得られたか）がわかれば、注ぎ方と味わいをある程度対応づけることができます。しかし、濾液は通常、序盤に出てくるものから終盤に出てくるものまですべて同じ容器に入り、そこで混ざりあってしまうので、この対応関係を明らかにすることはできません。

逆にいえば、濾液がすべて一つに混ざり合うのを避けるため、受ける容器を別にすれば、操作とその結果を対応させることができます。濾液を分ける基準ややり方はいろいろありますが、時間を均等に区切って抽出液を受ける容器を変えていくのが最も目的にかない、簡便だと思います。一人でやるよりも誰かに手伝ってもらった方がより効果的にできます。特に記録の部分を手伝ってもらうとよいでしょう。一定時間にお湯を注いだ回数や得られた濾液の量を記録すると練習としてはより効果的になります。

具体的な練習法

具体的なやり方の例は次のとおりです。ある量のコーヒーを2分30秒でいれ、時間を均等に5分割する場合です。

【準備するもの】

・コーヒーの粉：適量
・お湯：適量
・濾液を受ける容器（グラスなど。通常のサーバーより小さくてよい）：5
・残液を受ける容器：1
・ストップウォッチまたはタイマー：1
・計量器（キッチンスケール、できれば1g単位で量れるデジタル式のもの）：1
・ドリッパー：1
・フィルター：1
・ポット（いつもドリップでコーヒーを淹れているならそのとき使っている注湯器具）：1
※一定時間に注いだお湯の量も量る場合は、ポットを2つ、計量器も2つ用意するといいでしょう。

【手順】

まずキッチンスケールの上に濾液を受ける容器を相互に密接させてすべて置きます。横一列に並べられなければ円形に並べてもよいでしょう。濾液を最初に受ける容器（1番容器）と最後に受ける容器（5番容器）を決めておきます。

キッチンスケールの電源を入れます。自動的に風袋引きして表示が0gになると思いますが、なっていなければ手動で風袋引き（tare）してください。

片手にはコーヒー粉の入ったドリッパーを持ち、もう片手にはお湯を入れたポットを持ちます。ドリッパーを1番容器の上に静止させます。

ストップウォッチで時間を計り始めると同時にコーヒー粉にお湯をさし始めます。

30秒経ったらドリッパーを2番容器の上に移動させ、そこで再び静止させます。ドリッパーは引き続き手で保持します。

※抽出作業の最初に蒸らしをしている場合は1番容器にはコーヒーがほとんど落ちなかったかもしれませんが、それはそれで構いません。構わずに時間が来たら2番容器の上に移動です。

2番容器の上方でまた30秒間、抽出作業を続けます。時間が来たら次の容器へ、というふうに続けていきます。

2分30秒経ったら5番容器の上方から残液用容器へとドリッパーを移動させます。ドリッパーから引き続き出ているコーヒーは残液用容器で受けます。

時間を5つに区分するのが大変な場合は4つ以下でもいいと思いますが、少なくとも3区分はほしいところです。あまり大雑把だと違いが見えづらくなります。手間が気にならない人は区分を増やしてもいいと思いますが、5区分とその後（抽出残）ぐらいで十分に細分化できていると思います。

一定時間に注いだお湯の量も量る場合、ポットは30秒ごとに交互に使い分けます。お湯が入ったポットの使用前後の重さを量り、使用したお湯の量を把握します。

結果の評価と改善へのフィードバック

この抽出練習を実際にやってみるとさまざまなことがわかります。例えば、序盤に出てきた濾液と終盤に出てきた濾液の違いは歴然です。濃淡の違いだけでなく、味わいや香りも大きく違います。深煎りの豆であっても序盤の濾液は強い酸味を呈します。通常どおり抽出していたら感じないような強い酸味です。甘い香りや滑らかな口あたりと相まって、まるでキャラメルソースのようです。

最初に出てくる濾液（第1画分）から順に濾液を足し合わせていけば、通常のサーバーの中で濾液が時間とともにどのように変化するのかも追体験できますし、第5画分や残液をどこまで加えるとちょうどよいのか、あるいは後半の濾液を単なるお湯に置き換えたらどうなるのかなども検証することができます。各濃液についてもっと濃厚にすべきだったのか、淡泊にすべきだったのかなどもお湯の注ぎ方と対応させて検討することもできます。

風味の特徴が異なる2種のコーヒーを同じように抽出して、各画分の濃液どうしを比べてみるのも面白いかもしれません。

なお、緑茶（煎茶）で同じことをやっても、画分間でコーヒーほど風味に差は出ません。そういう意味でも、こうしたいれ方をすることでコーヒーの抽出の特徴がよくわかります。

抽出でもミクロとマクロ

焙煎の節（第1節）でも「ミクロ」と「マクロ」という表現を使いましたが、こうした考え方は抽出にも適用できると思います。

抽出の際、私たちが働きかけているのはコーヒーの粉の集団です。お湯をかけるにしても、お湯に浸すにしても、粉の一粒一粒をピンポイントに制御することはできません。

一方、成分の移動や抽出（狭義）が起きているのは個々の粉においてです。ここでも個々の粉は大きさや形、内部構造などが違います。さらに、抽出の場合、粉と粉との相互作用も無視できません。ある粉からお湯に溶け出た成分が別の粉に吸着されたりすることもありうるからです。

しかし、焙煎のときと同じように、やはり個々の粉で進行していることは把握することができず、抽出の進む粉全体として把握するしかありません。状況に関する情報はやはり限定的です。やはり得られる情報と働きかけの手段は「マクロ」で、起きているのは「ミクロ」な事象です。

なので、焙煎のときと同じように、ここでも大事なのがイマジネーションです。見えるはずはありませんが、抽出が進む個々の粉の中で、あるいは粉の層の内部で起きていることをイメージし、限定的な情報を補って、次にどうするのか判断することを繰り返していきます。

イメージを適切に描くには、原理を正しく知っておくことが不可欠です。そのために石脇氏や旦部氏の著作が役に立ちます。そのうえで、原理と実践を橋渡しするようなトレーニングをしていけばよいと思います。先ほど示したトレーニングもそのように役立ててもらえればうれしい限りです。

Chapter4

スペシャルティコーヒー

近年は品質の極めて高い生豆が入手できるようになってきました。最も高品質なクラスの生豆については、「その土地ならではの風味」が明確に現れるものも次第に増えてきています。こうした傾向を個人的にはとても歓迎しています。ただ、そうした生豆を調達するにはとても高い対価を支払う必要はあるのですが……。

私はそうした品質の高い生豆のことを「スペシャルティ（specialty）」グレードのコーヒー、すなわち「スペシャルティコーヒー」ととらえています。

しかし、この言葉やそうした高品質な生豆の登場自体がコーヒーに関する情報の氾濫や混乱を招いているのも事実です。「はじめに」でも述べたように、いろいろな情報に惑わされないようにするためには、「スペシャルティ」登場以前には必要のなかったリテラシー（情報を読み解く力）を身につけなければならなくなってしまったようです。

コーヒーピラミッド

「コーヒー（の品質）ピラミッド」と呼ばれる図を見たことがあるでしょうか。

第2章で取り上げた「コーヒーベルト」と同様に、この図は日本のコーヒー関連書籍に頻繁に登場します。そして同様に誤解を招きやすい要注意アイテムです。中にはまったく意味不明なものさえあります。

「ピラミッド」という名があるとおり、この図は通常、二等辺三角形をしており、その内部がいくつかの階層に区切られています。層の数や各層の呼び方にはバリエーションがありますが、ほとんどが最上層を「スペシャルティ」、第二層を「プレミアム」、第三層を「コモディティ」あるいは「コマーシャル」、最下層を「ローグレード」と呼んでいるのではないでしょうか。最近では最上層をさらに細分化し、特定の品評会で高い評価を得たものをその頂点に位置付けているものもあるようです。

どんな図かわからない方はぜひインターネットで「コーヒーピラミッド」と検索してみてください。たくさんのページや図がヒットするはずです。

この図が誤解を招きやすかったり意味不明だったりする理由はいくつかあります。第一に、図で取り扱われているコーヒーが生豆のことを指すのか、それとも焙煎豆のことを指すのか、はたまた飲み物としてのコーヒーのことを指すのか明示されていないことです（例外的に明示している図も一部にはありますが）。

第二に、あたかもその格付けが普遍的なもので、全世界共通の基準にもとづき、すべてのコーヒーに対してこうした格付けが常に行われているような印象を与えることです。

第三に、特定の基準や品評会で高い評価を得たものがあらゆるコーヒーの中で「最高」であるかのような記述をしていることです。

これらに加え、そもそもすべてのピラミッド図で使用されている言葉が統一されていませんし、同じ用語でも定義がまちまちです。

この図はコーヒーの「区分」、特にスペシャルティコーヒーをめぐる混沌とした状況あるいは混乱した状況を象徴しているようです。

スペシャルティコーヒーをめぐってはいろいろな人がいろいろなことを考え、いろいろなことを言っています。その中には、例えば次のようなことがあります。「スペシャルティコーヒーとは飲む人がおいしいと評価して満足するコーヒーのこと」、「スペシャルティコーヒーとは権威ある機関に認定されたもの」、「スペシャルティコーヒーは酸味を楽しむもの」、「スペシャルティコーヒーはワインと似ている」、「スペシャルティコーヒーはシングルオリジンで楽しむもの」。

本章ではこうした言説が妥当なものなのか検討することを通じてスペシャルティコーヒーについて掘り下げてみたいと思います。

1 スペシャルティコーヒーという表現

起源

人によって言うことが違うことの多いスペシャルティコーヒーをめぐる情報の中では珍しく、この言葉の起源については意見が一致しています。

この言葉を初めて使ったのはアーナ・ヌーツェン（Erna Knutsen）という米国人女性です（彼女の名前が「エルナ・クヌッセン」や「アーナ・クヌートセン」とカタカナ表記されているのをよく見かけますが、幼いころにノルウェーから米国に移住した彼女は自分の名を「アーナ・ヌーツェン」のように発音しています）。

マーク・ペンダーグラスト氏の著作『コーヒーの歴史』によると、ヌーツェン氏は1974年、業界誌「ティー&コーヒー・トレード・ジャーナル」のインタビュー記事で、自分の販売するインドネシアやエチオピア、イエメンの豆を指して「スペシャルティコーヒー」と呼びました。

米国スペシャルティコーヒー協会（SCAA）が公開している記事によると、ヌーツェン氏はそれから4年後の1978年に「特別な局所気候が独特の風味の豆を生み出す」と述べ、スペシャルティコーヒーについてさらに一歩進んだ見解を示しています。

そのSCAAが設立されたのはそれからさらに4年後の1982年。発起人のひとりだったドナルド・ショーンホルト氏に私が聞いたところ、新しい協会になぜ「スペシャルティ」という言葉を冠したのかについて彼は次のように述べています。

「『グルメ』という言葉は当時すでに陳腐化していた。ヌーツェン氏が用いた『スペシャルティ』はそれよりも上級のものを指す言葉で、自分たちの感性に訴えるものがあった。当時の米国市場は商業的に大量生産された缶入りまたは袋入りコーヒーが支配していたが、自分たちが作っている製品をそのレベルより高いものとして区別するため『スペシャルティ』という言葉を選ぶのが自然だと思われた。ただし、政治的判断からスペシャルティコーヒーの定義はあえてしないことにした。新設の協会にはできるだけ多くの人に参加してもらいたかったからだ。当時の私個人としての定義は、得られる限り最高の品質をもったアラビカコーヒーだった」

SCAAの発起人たちは当時、全米スペシャルティフードトレード協会（NASFT、現在のスペシャルティフード協会）が年に2回開催する展示会に出展しており、そこが会合の場所にもなっていました。

「当時は意識しなかったが、NASFTが『スペシャルティ』という言葉を使っていたことも私たちの選択に影響を与えたかもしれない」ともショーンホルト氏は認めています。「スペシャルティ」は当時、一種の流行語だったのかもしれません。ちなみに同じような業界団体を今作るとしたらショーンホルト氏は「クラフト」という言葉を選ぶかもしれないそうです。

こうした話を踏まえる限り、スペシャルティコーヒーという言葉が指し示すものとして当時イメージされていたのは、何よりもまず生豆そのものだったように思われます。すなわち、スペシャルティコーヒーとは特徴的な風味（の可能性）を秘めた最高品質の生豆のことであるという考え方です。

今でも定まらない意味

スペシャルティコーヒーという言葉が登場して40年以上が経つわけですが、驚くべきことに、その普遍的な定義や統一的な規格はいまだに存在しません。むしろこの間に意味は広がり、よりさまざまなものが「スペシャルティ」の名の下に取り扱われるようになっています。

国際貿易センター（ITC）が2011年に発行した「コーヒー・エクスポーターズ・ガイ

ド第3版」も「スペシャルティの意味」という節（38ページ）で次のように記述しています。

『スペシャルティコーヒー』という用語は米国に起源をもつ。もともとはコーヒー専門店で売られるコーヒー製品のことを表す。スーパーマーケットその他の小売店で一般的に入手できるコーヒーと差別化することが目的。『グルメ』という用語も用いられたが、あまりにも多くの製品に用いられるようになったため有意性を失った」

「スペシャルティは今日、豆でのコーヒーの販売も指すし、（レストランやその他のケータリング施設ではなく）コーヒーバーやカフェで販売されるコーヒー飲料も指す。この範囲に入るのは、高品質コーヒー（シングルオリジンとブレンドの両方）、従来とは異なるコーヒー（フレーバー添加コーヒーなど）、普通でない背景や物語を伴うコーヒーなどである。しかし、スペシャルティコーヒー小売店の急速な増加、主流の店舗（スーパーマーケットなど）へのスペシャルティコーヒー製品群の拡大に伴い、スペシャルティという用語はずっと緩やか（loose）なものになった。『スペシャルティコーヒー』は多種多様なコーヒーをカバーする一般的なラベルとなったというのが妥当。他のコーヒーよりもプレミアム価格を得られるコーヒーも、広く入手可能な主流ブランドのコーヒーと違うと消費者が認識するコーヒーも、その範囲に入る。この用語はあまりにも広義になってしまったので、何が『スペシャルティコーヒー』の構成要素なのかについて普遍的に受け入れ可能な定義は存在せず、人によって意味するものが異なるようになった」

この言葉の源流に近いところに位置するSCAAは、アラビカ種の生豆の品質をさまざまな観点から評価するための基準を設けており、その諸基準に照らして一定水準に達する生豆の等級を「スペシャルティ」と称しています。と同時に、焙煎豆や飲み物としてのコーヒーの品質を表すのにも「スペシャルティ」という言葉を用いています。

すなわち、この言葉を使って原料・半製品（＝焙煎豆）・最終製品のいずれの品質も表そうとしているのです。

一方、日本スペシャルティコーヒー協会（ＳＣＡＪ）は「スペシャルティコーヒーの定義」という標題の声明を「消費者（コーヒーを飲む人）の手に持つカップの中のコーヒーの液体の風味が素晴らしい美味しさであり、消費者が美味しいと評価して満足するコーヒーであること」という一文で始め、最終製品（飲み物としてのコーヒー）を重視する姿勢を打ち出しています。

しかも、この一文にあらわれているとおり、最終製品の品質という客観的な性質にとどまらず、人の主観（おいしいという感覚や満足感）への作用や影響にまで踏み込んでいます。

このように「スペシャルティコーヒー」をその名に冠する業界団体の現在の考え方においても、スペシャルティという言葉の意味するところはさまざまです。

しかし冷静に考えれば、原料のグレード（等級）を表すのにも、最終製品の機能（「おいしい」という感覚を誘発する働き）を表すのにも同一の言葉が用いられるのは奇異に感じられます。第1章で述べた「コーヒー」の多義性を考慮してもです。

スペシャルティコーヒーをめぐる現在の混沌とした状況の源流のひとつは、同一用語の多用（濫用？）にあるのではないかと個人的には考えています。

これについては本章の最後にもう一度戻ることにして、ほかの観点で話を進めましょう。

2 コモディティコーヒーと品質による差異化

普遍的なスペシャルティコーヒーの定義は存在しなくても、この言葉が誕生した当時に強く意識された「生豆の品質」という観点がこの言葉が意味するものの中心にあるという点については今でもあまり異論がないと思われます。

スペシャルティコーヒーという概念の根幹には、コーヒーは生豆の品質によって差別化・差異化が可能であるという信念があります。

コモディティとは

スペシャルティコーヒーという品質による差異化を目指したコーヒーの登場の意味を理解するにはコモディティコーヒーについて理解する必要があります。コモディティは例のコーヒーピラミッドでも表示されることが多い用語ですが、この意味をきちんと把握している人は意外と少ないようです。コモディティコーヒーを単なる低品質のコーヒーと考えている人もいるようですが、必ずしもそうではありません。

一般的な言葉としてのコモディティの原義は、自然界から得られる産物（農産物や鉱物）です。転じて大量生産される、特別でない物品全般を指すようになりました。独自性がなく他の製品で容易に代替できるものです。物品の品質自体では差別化されず、主に同質性と低価格が重視されます。

最近では「コモディティ化」という言葉も聞くようになりました。当初は独自性があり差別化できていたモノやサービスが独自性を失って差別化できなくなり、購入者の選択基準が価格の安さだけになってしまう現象です。現在ではコモディティ化はあらゆる産業において無視できない問題だといわれています。

生豆は典型的なコモディティだと考えられてきました。アラビカ種についてもカネフォーラ種についても先物取引が行われていますが、品質に差があるはずの農産物なのに現物を見ずに売買の価格を決めることができるのは、その農産物にある程度の同質性を期待でき、それに伴って標準品を設定できるからです。

Cコントラクト

先物取引とは、取引所において、特定の商品の一定量を、あらかじめ定めた価格で、将来の一定の日に受け渡すことを、現時点で約束する取引のことをいいます。

生豆の先物取引として最も有名なのは、米国のニューヨークICE市場に上場されているCoffee "C" Futures Contract（Cコントラクト）でしょう。最小取引単位は37500ポンドすなわち約17トンで、20フィートコンテナ1個分に相当します。

この先物取引における標準品をアラビカ種の生豆の代表的な商品と想定して時々刻々と決定される先物価格は、この市場で取引される商品の価格としてはもちろん、それ以外の圧倒的多数の現物に対しても指標価格として機能し、世界の生豆の現物取引価格に大きな影響を与えています。すなわち、多くの生豆商品の取引においては、産地や品質に応じて、指標価格からどれだけ高いか安いか、いわゆるディファレンシャル（差分価格）の交渉が取引の主眼になります。

Cコントラクトでの売買の大半は現物の受け渡しを実際にはせずに差金決済（将来の期限が来るまでに反対売買を行い、差額を受け渡しすることによって決済する方法）によって終了されてしまいますが、その気になれば実際に現物の受け渡しを行うこともできます。そのため米国と欧州の港湾（ニューヨークやアントワープなど）の指定倉庫にはアラビカ種の生豆が在庫されています。この在庫のことを認証在庫といいます。なぜ「認証」という名が付いているかというと、実際にその生豆商品からサンプルを抜き出して鑑定し、合格したものだからです。

Cコントラクトで定められている最低基準を構成する条件は、抽出液の風味が健全（sound）で非水洗式精製や経時変化に起因する風味がないことや、焙煎したときの色づきに問題がないこと、生豆の大きさ・色・においに問題がないこと、ディフェクトの混入状況が所定範囲内であることです。

アラビカ種の生豆であってもあらゆる生産国のものがCコントラクトの下での取引を認められるわけではありません。取引可能な生豆は次の20カ国のものに限定されています。すなわち、インド・ウガンダ・エクアドル・エルサルバドル・グアテマラ・ケニア・コスタリカ・コロンビア・タンザニア・ドミニカ共和国・ニカラグア・パナマ・パプアニューギニア・ブラジル・ブルンジ・ベネズエラ・ペルー・ホンジュラス・メキシコ・ルワンダです（五十音順）。

さらに、この20カ国の中でも待遇には差があります。標準品として扱われるのは、ウガンダ・エルサルバドル・グアテマラ・ケニア・コスタリカ・タンザニア・ニカラグア・パナマ・パプアニューギニア・ペルー・ホンジュラス・メキシコの計12カ国の生豆です。すなわち、Cコントラクトの先物価格とは、これらの生産国の豆であってディフェクトが基準値以内であるものが特定の時期・場所で引き渡される場合の1ポンドあたり価格にほかなりません。

前掲の12カ国以外ではコロンビアだけは優遇されていて割増（プレミアム）価格が付されるのに対し、他の7カ国は割引（ディスカウント）価格が付されます。

このように、商品市場で取引されうる品質のアラビカ種の生豆や、それと同水準の品質の生豆のクラスが狭義の「コモディティグレード」です。商品市場で取引可能なので「エクスチェンジグレード」とも呼ばれます。

品質による差異化

Cコントラクトに付随する生豆の品質鑑定はあくまでもその枠組みで売買できる最低限の品質があるかどうかと、ディフェクトの混入状況が基準以内にあるかどうか（基準を超えている場合はどれだけ超えているか）を判定するものです。Cコントラクトの下で売買は可能だがディフェクトの混入状況が基準を超える場合、割引はなされるものの、たとえすばらしい品質の生豆であってもその品質に応じて価格が割り増しされるわけではありません。

こうした状況（品質に対して価格が下方には弾力的だけれども上方には硬直的である状況）はCコントラクトに限らず、コモディティグレードあるいはそれに相当するかそれよりも低い品質の生豆全般にいえることです。

品質を高めてもそれに見合う報酬（評価と対価）が得られなければ品質を高めるインセンティブが生じません。がんばってよいものを供給しようという生産者は市場から次第にいなくなり、産品の全般的な品質も低下してしまいます。いわゆる「逆選択」の状況ですが、20世紀後半の生豆市場においてはまさにそれが起きていたと思われます。

こうした状況を打開し、品質のよいものにはそれに見合うだけの対価を支払うことで品質向上へのインセンティブを生産者に与えることで生み出されてきたのがスペシャルティコーヒーです。そうしたコーヒーが誕生する原動力となったのは、生豆はコモディティばかりでなく品質に応じて差異化できる農作物だという思想です。

スペシャルティコーヒーをめぐっては生豆の評価の考え方もそれまでと一変しました。ネガティブな要素が存在することをもって評価を下げることを志向するのがコモディティ的な考え方ですが、ネガティブな要素が存在しないことを前提としつつポジティブな要素が存在することをもって評価を上げることがスペシャルティ的な考え方です。これに伴い、価格も上方に対しても弾力的になりました。

とはいえ、標準品を想定するコモディティ取引のおかげで産品の市場が拡大したことも否めません。シンプルな仕組みに基づいて同質性の高い生豆が得られることによって取引費用が抑えられ、コーヒーの流通が促進されたのです。

さまざまな意味でコモディティ（並品）があるからスペシャルティ（高級品）があるといえます。スペシャルティコーヒーにどっぷりつかった人はコモディティを軽視する傾向がありますが、両者はさまざまな意味で相互に補完的な存在です。

3 誰かが認定するものなのか

「あるコーヒーをスペシャルティと呼ぶには権限のある誰かのお墨付きが必要である」、すなわち「スペシャルティコーヒーとして流通しているものは誰かが鑑定し認定されたものだ」という理解をしている人がいます。

しかし、これは誤解です。権威ある誰かが認めなくても、誰でも自分のコーヒーを「スペシャルティ」と銘打つことができます。スペシャルティは「言ったもん勝ち」の状況にあります。

そんなことはない、SCAAなどのスペシャルティコーヒー協会で80点以上と評価されたものやカップ・オブ・エクセレンス（COE）などの品評会で品質を認定されたものなどがスペシャルティだと本で読んだことがあるし、インターネットにも出ている、という反論がありそうです。

しかし、それはSCAAや品評会がそう決めているだけです。当然ながら、世界で生産されるアラビカコーヒーのすべての生豆がこの基準で評価されたうえで取引されるわけでもありません。SCAAはそもそも審査機関でもありませんし、鑑定サービスもやっていません。それそれの基準にしても民間の一団体が定めた任意規格に過ぎません。「スペシャルティコーヒー」は登録商標など法的に権利化された名称でもないので、それを使用することで誰かの権利を侵害することもありません。

公式の認証制度はない

あるコーヒーを「スペシャルティ」と格付けし、「スペシャルティ」と呼ぶかどうかに関する法的規制は国内的にも国際的にもありません。

これは法的な根拠に基づく認証制度と比べるとわかりやすいかもしれません。

例えば、日本にはＪＡＳ有機という認証制度があります。これはＪＡＳ法を根拠とし、国の制度の下、認定を受けた者でないと産品を有機として認証することはできず、有機認証を受けていない製品に「有機」や「オーガニック」という表示を付して流通させることは法律で禁じられています。

なお、ＳＣＡＡが定めた基準に品質が合致することが条件となる「Ｑコーヒー」というコーヒーがあります。これは「ＣＱＩ」という民間団体の登録商標なので法的に保護されています。

なので、誰かがあるコーヒーについてＱコーヒー並みの品質（すなわちＳＣＡＡが定めるところのスペシャルティグレードの品質）があると鑑定したとしても、それを勝手に「Qコーヒー」と銘打つことはできません。CQIが認証した有資格者（Qグレーダー）が品質を鑑定し、CQIと契約を結んでCQIから権利を付与された者だけが、これをQコーヒーとして取り扱えるのです。

こうした制度的な裏付けはスペシャルティという言葉にはありません。

生産国の輸出規格との関係

スペシャルティかどうかの判断は、生産国の従来の輸出等級の判定とは基本的に無関係です。「無関係」という意味は、スペシャルティグレードを輸出等級の最高のものより上に位置づけることはできないということです。

例えば中米の農園の標高1800mの畑で栽培されている木に由来し、丁寧に精製され、ディフェクトの混入がない生豆商品で、風味特性に優れるものであっても、輸出規格に照らせばSHBやSHGに分類されることになるでしょう。ほかの産地の生豆にしても同じです。品質からして「スペシャルティ」と考えられる生豆も、輸出規格を適用すれば、そのどれかの等級に必ず区分されます。

こうした輸出規格は通常、最高等級に関して品質の下限は想定しているが上限は想定していないので、どんなに品質の高い生豆といえども、輸出規格が定める等級のいずれかには必ず分類できます。

その意味で、コーヒーピラミッドの「プレミアム」や「コマーシャル」のところに何の説明もなく「コロンビアスプレモ」、「サントスNo.2」などと表示して、スペシャルティとは別クラスのもののように扱うのは、不正確ですし、誤解を招きます。

品評会とカッピング

品評会で入賞したものとして販売されるコーヒーもよく目にするようになりました。そうした商品のパッケージには、獲得した順位や点数が誇らしげに表示されているものもあります。

こうした商品では、原料となった生豆の品質が、品評会の時点で高かったのだろうと推測されます。

コーヒーの品評会がどのように行われるのか知らない人も多いと思うので、ごくごく簡単に述べておきます。

通常は生産国や国内の地域を単位として行われます。たくさんの生豆が出品されるので、まずは国内の審査員によって予備審査が行われ、最終審査に出品される生豆が絞り込まれます。最終審査は諸外国からの審査員によって行われ、最終的な順位が決められます。

審査は出品された生豆のサンプルに対するカップテストあるいはカッピングと呼ばれる方法で行われます。

カッピングとはコーヒーの風味に関する官能評価のことです。官能評価とは人の感覚器官を用いて対象の特性を調べ、それもとづいてその対象を評価することです。すなわち、カッピングとは粉砕された焙煎豆の香りや抽出されたコーヒー液の風味を人間の感覚を通じて評価する作業です。

審査の目的は生豆自体の品質の評価です。このため、すべての生豆サンプルに対して同一の条件で焙煎や粉砕、抽出を行います。カッピング用のサンプルの焙煎度は一般的に浅めです。抽出もいわゆる「どぶ漬け」と呼ばれる方法で行われます。すなわち、コーヒーの粉と水を分離するためにフィルターを用いず、粉の沈降による固液分離をしているだけです（なので液中には微粉が漂っている状態です）。

サンプルを浅めに焙煎するのには理由があります。清澄度の高い液体をより速やかに得られ、これによってポジティブ・ネガティブ両面で生豆のポテンシャルを把握しやすくなることです。

すなわち、焙煎が浅いと粉は比重が大きいため沈殿しやすく、その分、液中の微粉が減り、評価がしやすくなるのです。これは抽出がどぶ漬けであること、すなわち濾過を行わないことを前提としています。濾過しないのは、作業の手間と時間が少なくて済み、サンプル液の再現性も高いからです。

カッピングの手順は通常、次のようなものです。

焙煎豆を粉砕して得た粉をグラスやカップなどの容器に入れます。まずその状態で粉の色や香りをチェックします。続いてこの容器にお湯を入れしばらく待ちます。容器の中では粉とお湯が混ざり、抽出が進みます。その液体の表面には通常、粉や泡の層ができます。この層を「クラスト」と呼びます。

クラストから立ち上る香りをかいだりしながら数分待った後、スプーンでクラストを崩しつつ、クラストの下に閉じ込められていた香りをかぎます。クラストをスプーンで崩す（ブレイクする）と、それを構成していた粉のほとんどがコーヒー液の底へと沈んでいきます（もともとクラストを構成せずに沈む粉もあります）。コーヒー液の表面に残った粉や泡は取り除きます。この状態で抽出液は完成です。

クラストのブレイクからしばらく待ってコーヒー液の温度が十分に下がったら、スプーンでコーヒー液をすくい、口に運びます。口に入れる際にはコーヒー液を霧状にするため勢いよくすすり込むのが普通です。霧状にするとコーヒー液が口中にまんべんなく広がり、香りも口中で立ちやすくなるからです。口中で風味を十分に吟味できたら、コーヒー液を吐き出します。

こうした手順を踏みながら、そのコーヒー豆に対する自分の評価を所定の書式のシートに書き込んでいきます。このシートをカッピングフォームといい、評価の観点に対応した欄が設けられています。そこに点数や言葉で自分の判断結果を記入します。

以上がカッピングの簡単な説明ですが、作業としては決して難しいものではないことがわかります。

ただし品評会におけるカッピングの目的は単においしい／まずい、好き／嫌いを判断することではなく、生豆の品質を評価することです。このため、味覚や嗅覚を中心とした評価者の感覚には人並みの鋭敏さが求められます。評価がその都度ぶれないよう自分の内部にある基準を一貫的に適用できることも必要です。評価対象のコーヒーの品質を適切に位置づけられるよう、自分の中に評価軸が形成されていなければなりません。そうした評価軸はさまざまなコーヒーを経験することによってのみ構築されるので、プロの評価者になるにはたくさんの経験も必要です。生豆の品質を鑑定するためのプロフェッショナルなカッピングは一朝一夕にはできるようになりません。

ちなみに、現在のようなスタイルのカッピングには少なくとも100年程度の歴史があるようです。ウィリアム・H・ユーカーズの著作で1935年に出版された『オール・アバウト・コーヒー』の第二版には当時のカッピングの様子が写真つきで説明されていますが、私たちが今行っているカッピングとほとんど変わらないことに驚かされます。カッピングをスペシャルティコーヒーと結びつけたクールな行為ととらえる人もいるようですが、むしろかなり古風な作業といえるかもしれません。そこがまたクールなのかもしれませんが……。

品評会についての留意事項

こうして主にカッピングを通じて生豆の品質の評価が行われる品評会ですが、入賞した生豆を原料とする製品に過度な期待をいだかぬよう、いくつか留意しておくべきことがあります。

第一に、先ほどから繰り返し言及していることですが、品評会で審査しているのはあくまでも生豆の品質だということです。国内審査から国際審査に至るまで、入賞品は何度も評価を受けますが、審査を通じて明らかにされるのはその審査の時点における生豆の品質です。

第二に、審査員の集団は世界のあらゆるコーヒー消費者の嗜好を代表しているわけではないということです。審査員たちは前述のとおりプロとしての技能や経験を備えているはずですが、世界中のコーヒー消費者の多様な嗜好を反映するように選抜されているわけではありません。

第三に、品評会が対象とする国や地域のすべての生産者が出品するわけではないということです。

品評会の中にはとても権威があり、たくさんの生産者が参加するものもありますが、出品されるコーヒーは全体の中のごく一部です。生産者は自分がその年に得た生豆の中で特別にできのよかったものを品評会に出品したり、品評会向けに特別に生豆をつくったりする傾向はありますが、かといって最高品質の生豆が品評会を通じてしか入手できないわけではまったくありません。

以上を踏まえると、品評会での順位や点数といった結果が表すのは、その生豆が、その品評会に出品されたすべての生豆の中で、その品評会が行われた時点において、その品評会の審査員たちにとっては、入賞に値する品質のものだった、ということにほかなりません。

その生豆を原料とした最終製品（実際に販売される焙煎豆や抽出液）の品質が消費者の購入時点で高いのかどうかは、品評会の成績からはわかりません。製品化のための焙煎がうまくいくかどうかは品評会の関知しないところですし、焙煎豆の変化のしやすさを考えると消費者が入手するタイミングですでに劣化している可能性もあります。また、焙煎度や抽出方法が自分の好みと異なれば、実際においしいとは感じられないかもしれません。品評会での成績は最終製品の品質やおいしさを一切保証しないのです。なので品評会での成績だけを頼りに製品に過度な期待を寄せるのは避けた方が賢明です。

前出の「コーヒーピラミッド」でも、品評会で入賞したコーヒーを最上部に位置づけているものがあります。そのピラミッドが生豆の品質の階層関係を示したものであったとしても、品評会入賞豆が本当にその位置にあるべきものなのかはわかりません。前述のとおり、入賞豆は特定の品評会において特定の審査員が特定の出品生豆から選んだものに過ぎず、普遍的な相対関係の中にどう位置づけられるかはわからないからです。

なので最上部を品評会入賞豆が独占しているピラミッドも要注意です。それが生豆や焙煎豆を販売している業者が表示しているものの場合、「私どもが扱っている商品の中では品評会入賞ものが最高でございます」と言っているに過ぎません。あたかも「入賞豆がこの世のあらゆるコーヒーの中で最高！」と主張しているように誤解されるのは、その業者にとっても不本意なことでしょう。

品評会の功績

品評会について冷静なことを書いてきたので品評会を批判しているように思われたかもしれませんが、ここまでの部分の趣旨はあくまでも情報を受け取る側への戒めです。

私の知る限り、生豆の品評会はイタリアの焙煎業者イリーが1991年にブラジルで開催したものが嚆矢ですが、すでに大きな役割を果たしたと私は考えています。品評会の功績と思われることを次のとおりいくつか挙げておきます。

第一に、生豆は品質によって差異化ができる農作物だと生産者に実感させたことです。品評会で高く評価された生豆が高値で取引される様子を見て、生産者は数量の増加だけでなく品質の向上を通じても経済的利益が得られることを知り、彼らの品質向上への意欲が高まったことは間違いありません。

第二に、高品質な生豆を供給できる地域や生産者の新たな発見につながったことです。全国規模で行われる品評会の場合は特にその効果が大きかったはずです。

第三に、高品質なコーヒーに対する消費国側のニーズについて生産国側が理解を深める機会となったことです。品評会で入賞する生豆を通じてどのようなコーヒーが消費国で高い評価を得るのかを理解するだけでなく、国際審査員との直接交流することで消費国側のニーズを詳細に把握することが可能になりました。生産国にとってこれは効率的な市場調査の機会となったに違いありません。

第四に、品評会に付随する活動を通じて生産者どうしの結びつきが強まったことです。

品評会以前には分断され反目しあっていた生産者どうしが品評会の導入をきっかけに交流し情報交換をしたり互いに切磋琢磨したりするようになりました。品評会で直接競合する間柄になったのに逆説的ですが、私の知る範囲でもそうした生産者どうしの連帯の強化は複数の生産国で見られますし、そのことを証言する生産者も実際にいます。生産者どうしの結びつきが強まることで知見の共有が進み、その産地で生産される生豆の品質が向上したり、ひいては産地全体の振興につながったりしています。

コーヒー版パーカーリゼーション？

しかし、品評会はいいことずくめなのでしょうか。私は決してそんなことはないと考えています。私見ですが、懸念されるのは高品質なコーヒーの風味の画一化、あるいは多様性の喪失です。

それが生じる要因を私は次のように考えています。

第一に、当然のこととして、審査する側と審査される側、評価する側と評価される側がいれば、される側は必ずする側の方を向きます。すなわち、審査員や評価者が気に入る方向へと自分を合わせる力が必ず働くということです。これはコーヒーに限ったことでも、飲食物の品評会に限ったことでもありません。

第二に、生豆の品評会においては通常、審査員の判断の尺度を較正(こうせい)（すり合わせ）してから審査に臨みます。これは評価結果の有意性を高めるために行われるのだと思いますが、特定の風味のものの評価を強調する作用が働きます。

第三に、生豆の品評会は公正中立な第三者の集団によって行われ、評価の結果はその集団の総意として表明されます。このことによって審査員個々人の個性は人々の意識下に埋没し、代わって顔はないが権威のある主体が君臨することになります。高く評価された生豆は審査員個々人が選んだのではなく、権威そのものに選ばれたと認識されるようになります。

これらの要因が複合して、特定の風味のコーヒーばかりが品評会の上位を占めるようになります。たとえば、それは明るい酸があり、フルーティーで、花のような香りがするようなコーヒーかもしれません。それは権威がお墨付きを与えた高品質なコーヒーなので、生産者は権威に気に入ってもらうためそのコーヒーをお手本に自分もコーヒーをつくるようになります。かくして、品評会に限らず、その地域や国で、いや、あらゆる国で、そのコーヒーと同じような風味を放つものが増えていく……。

こうしたことが起きる可能性があるのは生産国だけではないでしょう。消費国においても、自分より味のわかる権威が評価したコーヒーだからこれがおいしいに違いない、と信じる人も少なからず出てくるのではないでしょうか。自分の好みにもともとマッチするものなら何も言うことはありません。しかし、ここでも「審査員の方を向く」現象が起きると、それはその消費国のコーヒー文化における多様性を損なうことになりかねません。

これが杞憂ならいいのですが、私にはあながち現実離れしたこととも思えません。というのも、ワインの世界で実際にそうしたことが起きたからです。米国の著名なワイン評論家ロバート・パーカー氏が高い点数を付けるようなワインに自分たちのワインをつくりかえようと多くの国や地域の醸造家が試み、実際にそうしたワインが増えた現象です。この現象は「パーカーリゼーション」と言われているそうです。

パーカーリゼーションならまだいいかもしれません。ロバート・パーカーその人の個人の嗜好だ、と割り切ることが容易だからです。しかし、顔のない権威の好みだと事態はもっと厄介になるのではないでしょうか。

生豆の品評会でも、前記の三つの要因のうち一つでも外れれば権威化効果が薄れると思います。たとえば前述したイリーの品評会の場合、高く評価される生豆はあくまでもイリーという一私企業が自分たちの製品の原料として好適だから評価されたに過ぎない、あくまでもイリー好みのコーヒーだと割り切ることができるからです。イリーに採用されたければ生産者はそのような生豆をつくればいいですし、イリーがいくら大企業といえども、購入する生豆は世界全体の生産量の微々たる分しか占めません。

２０１６年10月にコロンビアコーヒー生産者連合会（ＦＮＣ）が初めて主催した品評会では前記の私の心配とも通底する懸念から新たな審査方式がとられました。詳細はここで述べることはできませんが、この品評会が目指したのは消費者の好みの多様さに応じてさまざまなコーヒーがその異なる個性ゆえに評価されることでした。出品された生豆も一系列の順位づけをせず、風味の部門ごとに順位をつけることを目指しました。審査方法はその目的に必ずしも十分に適合しているといえるものではまだありませんでしたが、コロンビアの多様な風味のコーヒーが画一的な基準でなく「らしさ」にもとづいて評価されるようになるときがそう遠からず来ることを期待したいと思います。

4 浅煎りがいいのか

品評会でのカッピングの影響か、浅煎りでこそコーヒーは豆本来の品質を損なわずに賞味することができる、と主張する人が最近は増えたように思われます。彼ら曰く、浅煎りでこそ豆本来の風味が楽しめるのだと。

また、第3章で述べたとおり、浅煎りほど飲み物としてのコーヒーには酸味が強く現れます。この「高品質だから浅煎り、浅煎りだから酸味」という論理の順番がいつしか逆転し、「酸味があるコーヒーだから高品質」という考え方も出てきています。これは生豆の品質を評価するためのカッピングの場であれば一定の留保付きで妥当といえますが、普通の最終製品、すなわち飲み物としてのコーヒーについての見方だと少し偏狭な見方ではないでしょうか。

浅煎りがよいことの根拠を牛肉にたとえて説明している人を見たことがあります。曰く、よい牛肉ほど生に近い状態で楽しめる、コーヒー豆も同じ、よいものを楽しむには浅煎りの方がよいのだ、と。

浅煎りの風味が好きなのは個人の嗜好ですが、牛肉のたとえはまったくいただけません。良質な牛肉が軽く火を通しただけでおいしいのは、生の段階でもすでに十分賞味できる成分が含まれているからです（もちろん死後硬直が解けて軟らかくなり、おいしさの元になる成分が増えた後のことですが）。コーヒーの場合は焙煎によって初めてコーヒーらしさが生じるのであり、牛肉などと同列に論じることはできません。

牛肉と同じことがいえるというなら、その人には生豆をかじってみるようにお勧めしたいと思います。それでもおいしいと感じるなら、何も言うことはありません。

「豆本来の」とは？

そもそも「豆本来の」とは何を指すのでしょうか？　生豆から焙煎豆に変化させるために私たちが生豆に対して行うのは加熱だけです。料理と違い、ほかの材料や調味料、香辛料を添加することはありません（風味づけするためピーナッツや砂糖と一緒に焙煎することが一部の地域ではあるようですが）。焙煎豆に新たに生じるのは外部から添加したものではなく、生豆の内部にもともとあった成分から加熱によって生じたものです。これらが放つ風味も「豆本来の」風味なのではないでしょうか。

「豆本来の」が「豆全体の」という意味なら、チョコレートのように加工して楽しんでもよいはずです。しかし、それをしないのは、あるいはできないのは、コーヒー豆には賞味に適さない成分も多いから、ということは第3章で述べたとおりです。

それでもあえて「豆本来」というのなら浅煎りだけでなくすべての焙煎度でそれはいえます（極端な浅煎りと深煎りを除けば）。私たちは連続的に変化していくコーヒー豆の一断面を意識的に選んで楽しんでいるのです。浅煎りのコーヒーの風味もそうした断面のひとつに過ぎません。高品質の生豆であれば、深煎りでも酸味はそう簡単に失われません。

コーヒーは生豆に含まれる多様な化合物のおかげで焙煎を通じて風味をさまざまに変化させることができます。すなわち、コーヒーにおける風味の多様性の第一の源泉は焙煎です。風味の元になる物質（前駆物質）をたくさん含んでいることがほかの嗜好品にはないコーヒーの強みです。それを顕在化させるのは焙煎です。強みを最大限に発揮させるためにも、狭い範囲の焙煎度に押し込めるのではなく、より広い範囲を積極的に活用すべきでしょう。生豆はあくまでも素材だということを再確認すべきです。豆本来の風味を楽しむには浅煎りが最適というのはあまりに偏狭な考え方ですし、コーヒーの可能性を狭め、多様性を損なうものだと思います。

なお、念のため付言すると、コーヒーすべてについて「豆本来の」を使うべきでないと言っているわけではありません。たとえば缶コーヒーの場合は通常は砂糖やミルクが加わるし、そもそもコーヒー由来成分の濃度が低いので、コーヒー由来成分の割合を増やして「豆本来の」と謳うなら理解できます。

コーヒーにおける酸味のいろいろな要因

酸味、酸味と続いたついでに、酸味について少し余談を。

店頭でコーヒー豆を販売していてお客さんによく言われるのが、「酸味がないコーヒーをください」とか逆に「酸味のあるコーヒーをください」という言葉です。

しかし、一口に「コーヒーの酸味」といっても次のようにいろいろあります。

(1)生豆の性質に由来するもの
(2)焙煎度に関係するもの
(3)抽出のしかたに関係するもの
(4)加工後の焙煎豆や抽出液の変化に起因するもの

もう少し具体的にいうと、(1)の酸味は高地など寒暖の差が激しいところで育ったものほど強い傾向があります。(2)についてはすでに述べたとおり、焙煎が浅い方が強く、深い方が弱い傾向にあります。したがって高地産の豆を浅く焙煎したものが最も酸味の強いコーヒーになるといえます。

コーヒー豆を買った後のことを想定すると、(3)の酸味は抽出の初期段階で出やすい傾向があります。これもやはり第3章で触れたとおりです。(4)の酸味は焙煎豆が吸湿や酸敗することや抽出液を温かいまま保温することで生じます。

「酸味がないコーヒー」がほしいのであれば、(1)や(2)の酸味があるもの、すなわち高地産や焙煎の浅い豆を避けつつ、(3)や(4)の酸味の発生を防ぐ、すなわち抽出で相対的に苦味の成分を増やすようにし、焙煎豆を適切に保存し、抽出液を長時間保温しない、ということを心がければよいでしょう。抽出で相対的に苦味の成分を増やすには、粉を細かくしたり、お湯の温度を高めたり、抽出時間を長くしたり、といった方法が考えられます。

逆に「酸味があるコーヒー」がほしいのであれば、基本的に前の段落に示した対応と逆のことをすればよいはずです。ただし、(4)の酸味はほかの香味も関与してあまり心地よくはないのでいくら酸味が好きでも発生するのを避けるに越したことはないでしょう。

5 コーヒーはワインに似ているのか

スペシャルティコーヒーがワインにたとえられることがよくあります。そのたとえは妥当なのでしょうか。酒類にたとえるなら、なぜ清酒（日本酒）やビール、ウイスキーなどではないでしょうか。

ワインづくり

コーヒーができるまでは第1章から第3章までで見てきたので、ワインづくりについて簡単に触れておきましょう。

まずワインの定義を確認します。『オックスフォード・コンパニオン・トゥ・ワイン第4版』というワイン辞典によると、「ワインとは新鮮な状態で集めたブドウの果汁の発酵から得られた飲み物であって、その発酵が現地の伝統と慣習に従って原産地にて生じたもの」をいいます。

ワインづくりはブドウの栽培から始まります。赤ワインと白ワインで工程の一部が違いますが、基本的には畑でブドウを収穫し、醸造場で破砕して、果汁を発酵させ、熟成させ、ブレンドし、瓶詰めすればできあがりです。

ワインづくりはシンプルです。麻井宇介氏は『ブドウ畑と食卓のあいだ』で「ワインは醸造という意識が希薄なまま、農作業の収穫と結びついて、その延長として生産されてきた。というよりは、畑から運んできて桶に入れるまでが収穫の仕事であったというほうが正しいであろう。」と述べています。またワインづくりを「ブドウの収穫そのもの」や「農業の末端にあるもの」とも表現し、ワインづくりの農業との連続性を強調しています。

コーヒーとの比較

ごくごく簡単ではありますが、このワインづくりを私たちがすでに知っているコーヒーづくりといろいろな観点から比較してみましょう。

・原料…コーヒーは種子を使用するが、ワインは主として果肉を使用する（赤ワインの場合、果皮や種子も使用するが主原料ではない）。

・加工時期…コーヒーは生豆があればいつでも焙煎豆を作り飲み物として完成させることができるが、ワインは熟した新鮮なブドウが入手できるときでなければ作りはじめられない。

・加工時間…コーヒーの焙煎は分単位、ワインの醸造と熟成は年単位。

・加工頻度…コーヒーは生豆があればいつでも短時間で作れるので加工の頻度や回数に実質的な制約はないが、ワインは仕込みの時期と醸造の時間という制約があるので加工の頻度や回数が極めて少ない。

・水…コーヒーは収穫後にも加工時にも水を除去したあと、原料とは無関係な水を加えることで飲み物にする。ワインは原料に含まれている水分がそのまま飲み物となる。

・作り手…コーヒーは果樹の栽培と生豆への精製と生豆の加工（焙煎）と飲み物への加工（抽出）の担い手が別であることが多いが、ワインは果樹の栽培から飲み物への加工まで担い手が同じであることも多い。

・製品の保存性…コーヒーは生豆から焙煎豆、飲み物に変わるにつれて安定性や保存性が低下するが、ワインはブドウから瓶内の飲み物へと変わるにつれて安定性や保存性が高まる（むしろワインは飲む果物を保存するための形態）。

最後の保存性について補足すると、コーヒーにおいてはワインと違い長期的貯蔵によって品質や付加価値が向上することは基本的になく、せいぜい維持にとどまります。むしろ、できるだけ早い消費が望ましいはずです。生豆については長期保存のため極低温や脱酸素・低温の環境で保管する取り組みはありますが、それらも熟成を目指しているのではなく、あくまでも品質の長期的な維持を目的としていると思われます。

農業に内接と外接

こうして見てみるとコーヒーとワインとでは多くの違いがあり、いずれも本質的な違いだと思います。

ワインは原料ブドウの果汁自体が酒液の本体へと変わるものですし、果皮のもろさや水分の多さのため収穫した畑から遠くへ運ぶことができません。なのでワイナリーはどうしてもブドウ畑のある土地から動けません。必然的にそのワイナリーではその周辺で収穫されたブドウのみを使って醸造が行われます。そして、これが「ワインらしさ」へとつながります。

一方、コーヒーも飲み物ですが、まずは原料からの水の除去をひたすら行います（乾燥と焙煎）。そのため果実を収穫した畑から非常に遠くに生豆を運ぶことができます。焙煎を行う場所では立地する場所とは無関係に世界中のどこからでも生豆を取り寄せて加工を行うことができます。

原料についてフォーカスすると、ワインの風味が多様である第一の理由はブドウ自体の食味が多様であることです。麻井宇介は「ブドウは、多少訓練をすれば、素人にも品種特有の食味を記憶するのに、それほど難しいものではない」と述べています。

コーヒーの場合、生豆の段階では食べわけすることはできません。たとえできたとしてもブドウほどの違いはないでしょう。最近のように風味が特徴的な品種の生豆であってもです。確かにウォッシュトとナチュラルでは生豆のときから香りがまったく違いますが、これはブドウの品種の違いに相当するものではありません。

ワインはこのように宿命的に土地ばなれができない飲料です。一方、コーヒーはその性質からしても現実からしても土地ばなれが自由にできる飲料です。

麻井宇介はこうした特徴をもつワインづくりを「農業に内接する」と表現しました。この言葉を借りるならコーヒーづくりは農業に外接すると言えるのではないでしょうか。

コーヒーの強み

コーヒーづくりがこのように農業に外接し、原料をどこへでも運んで加工できる、というのはコーヒーの強みだと思います。特に日本のような純粋な生豆輸入国にとってはそうです。さまざまな国・地域の特徴的なコーヒーを自由に入手できるからです。高品質で風味の特徴の明確な生豆が増えた今ではこのコーヒーの強みはさらに活かせるはずです。

というのも、ワインづくりのようにどうしても特定の原料に引っ張られる必要がさらになくなるからです。自分のつくりたいコーヒー、自分がお客さんに提供したいコーヒーの香味を自由にデザインし、それに応じた原料を選ぶことが日本のような国の焙煎業者には許されているのです。コーヒーロースターは原料を選ぶことで自らが動けるスペースを増やすことができるともいえるかもしれません。原料側に引き寄せられすぎて窮屈な思いをしなくても済むのです。

ほかの飲み物とのアナロジー

実は「農業に外接する」という言葉は麻井宇介が清酒づくりやビールづくりについて使った表現です。乾燥した原料を用いるので原料産地以外の場所で自由に製品づくりができる点や、最終製品における水分は外部から添加するという点などを考えると、コーヒーはワインよりも清酒やビールにむしろ似ています。

なのになぜ相違点の方が多いワインのアナロジーが多用されるのでしょうか。もちろん、最近の高品質な生豆は産地に特有の風味を秘めてはいます。とはいえ、ワインに重なるのはその点（と飲み物になるまでの加工がシンプルな点）ぐらいなのではないでしょうか。

私はコーヒーのアナロジーに清酒やビールを使おうというつもりはありません。どんなものを比較の対象にするにせよ、それは比較対象に似せるために行うのではなく、コーヒーのコーヒーらしさを浮き彫りにするために行うべきであると思っています。そうでなければ、最終的にはコーヒーならではの強みや価値や魅力が損なわれてしまうのではないかと懸念してしまうからです。

ワイン、特に高品質なワインは「土地ばなれできない」という「ワインらしさ」に立脚して成功しています。その成功から学ぶとすれば、コーヒーも「コーヒーらしさ」に立脚すべき、ということではないでしょうか。

6 シングルオリジンがいいのか

前節で述べたとおり、ワインの場合、ブドウ品種の食味が酒質にもおのずと反映されます。加工（醸造）によって拭い去れないほどの食味の違いが原料にあるからです。なので、原料の食味の違いを消さないように醸造に細心の注意を払っているわけではありません。

一方、コーヒーの場合、一部の品種を除いては、原料由来の風味の違いを消さないように加工（焙煎）の段階で細心の注意を払わないと、品種による風味の差は出にくい場合が普通です。

せっかく高品質で産地の固有の風味が出やすい生豆が増えたので、そうした楽しみ方はもちろんどんどんすべきだと思います。

しかし、そればかりに躍起になると「コーヒーらしさ」である焙煎の違いによる多様さに踏み込むのが難しくなってしまうかもしれません。

ブレンドによる価値の向上

それはブレンドについても同じです。

原料の品質や可能性を熟知し、そこから特徴を引き出すだけでなく、シングルオリジンでは難しい香味をデザインし、ブレンドによって実現し、コーヒーの価値を高めることも必要です。そして、その高まった価値、それをもたらしたロースターの仕事に対して相応の対価が払われるような環境をつくっていくべきだと私は考えています。

今はまだいいですが、素材のクオリティを訴求するだけでは消費者が知覚する商品の差異が焙煎業者の間で次第に減り、やがてはコモディティ化することになりかねません。そうなれば付加価値のシェアはますます上流、すなわち生産国側に移転するでしょう。

繰り返しますが、シングルオリジンを決して否定しているわけではありません。実際はむしろその逆です。しかし、そこに過度に依存すると消費国のロースターは衰亡の道をたどることになりかねません。

なお「シングルオリジン」はいわゆる「ストレート」の下位区分です。「ストレート」はその名前から受ける印象に反して、数百から数千にも上る多数の生産者が作った生豆が混ぜられたものであることもあり得ます。これに対し、シングルオリジンでは生豆の出所の範囲がぐっと狭まります。例えば、単一の生産組合（数十軒程度の農家）や単一の農園、単一のウェットミルというように。最近では単一の小農家や圃場区画にまで絞り込めるものまであります。

7 スペシャルティコーヒー再訪

私は極めて品質の高い生豆のことをスペシャルティコーヒーととらえていると本章の冒頭で述べました。その裏返しで、焙煎豆やそれを挽いた粉、さらには飲み物としてのコーヒーについてスペシャルティコーヒーという言葉を用いるのはいかがなものかとも思っています。

第1章で述べたとおり、コーヒー豆は焙煎の前後で状態の変化のスピードがまったく変わり、焙煎豆は保存のしかたが悪ければ数日で風味が劣化してしまいます。粉に挽けばその変化のスピードはさらに大きくなります。

こうした変化は高品質な生豆を加工して得た焙煎豆やその粉であっても変わりません。だからといって焙煎後や粉砕後に「数日前まではスペシャルティだったんだけど……」というのは混乱のもとではないでしょうか。抽出液はさらに変化が速いので「30分前はスペシャルティだったんだけど……」というのはどうでしょうか。

これは適切に焙煎や抽出ができた場合を想定していますが、もし焙煎や抽出に失敗してしまったらどうなるのでしょうか。「前の加工段階まではスペシャルティだったんだけど……」と言うのでしょうか。

　もし仮に焙煎や抽出に失敗してしまったコーヒーでも、飲む人が「いや、これ、素晴らしい美味しさだよ。私、これで満足する」と言ったらどうなるのでしょうか。

　コーヒーは原料から製品へと加工度が高まっていくにつれ、変化のスピードが速くなると同時に、飲む人の嗜好への適合度が意味を増してきます。だからといって嗜好への適合度が高いこと、すなわちおいしさや満足度をもって「スペシャルティ」を定義してしまうと、その定義は発散してしまいます。なぜなら嗜好は人によって違うからです。

　一方、おいしさや満足度をコーヒーそのものの味わいによって規定することもできません。するとすれば、それは特定の味わいの押し付けにしかならず、極めて傲慢な行為だと思います。

　話がややこしくなりましたが、要はコーヒーという飲み物がもたらす「おいしさ」や「満足」で「スペシャルティ」を定義することは好ましくないということです。理由は前述のとおり焙煎豆・粉や飲み物としてのコーヒーの不安定さと飲み手の嗜好の多様さです。

　これに対し、ロット単位の生豆についてであればスペシャルティというグレードは定義可能だと思います。生豆であれば品質の経時的安定性をある程度期待できますし、ある程度の客観性をもった評価を行うことも、その結果を共有することも可能だからです。少数派の意見だとは重々承知していますが、コーヒーにおいてそうしたことが可能なのは、唯一、生豆のときに限られると思います。

もっと自由と多様性を

日本でコーヒーがワインになぞらえるようになったのは、スペシャルティコーヒーが入りはじめた2000年前後からのことだと思います。それまでの焙煎・抽出偏重からの揺り戻しか振り子は原料品質重視へと向かいはじめました。しかしその振り子は上流側に振れすぎ、原料偏重の状態になっているような気がします。

コーヒーは農産物を加工度の低い形で利用するものである以上、原料の品質が製品の品質の到達可能範囲を決定するのは当然です。しかし、それが加工の自由度を低下させる理由にはなりません。

むしろよい原料を得たからこそ加工の自由度が高まるというのが自然なのではないでしょうか。加工度の自由度が高まることで製品の多様性が高まる、そこに消費者も価値を見出し、それが原料の品質のさらなる向上を促す、という循環が本来は望ましいと私は考えます。

自分が作り手としてどんなコーヒーを作りたいのか、どんなコーヒーを飲み手に飲んでほしいのか、というイメージをから出発することが大事だと思います。もちろん原料のすばらしさに触発されて初めてイメージされる製品もあるでしょう。しかし原料に縛られすぎている現状では、製品のイメージから逆算して原料を選ぶことの必要性がいよいよ増している気がします。

浅煎りで酸味がつよいものばかりが品質のよいコーヒーではないはずです。シングルオリジンやストレートの方がブレンドより上でもないはずです。コーヒーはコーヒーとして、すなわちほかの飲み物にはない独自の強みと価値を備える飲み物として楽しんでほしいと思います。

以前、取材で、よい生豆はよい俳優のようなものだと答えたことがあります。

「名優は表現の幅が広く、たくさんの役を演じ分けることができます。私たちが実際に目にしているのは紛れもなくその俳優なのに、劇中に存在していると私たちが感じるのは登場人物です。しかもその登場人物はその俳優が演じるからこそあらわれるキャラクターなのです。よいコーヒー豆も同じで、焙煎のしかたによって私たちの前にあらわれるコーヒーの風味は変わるかもしれませんが、いずれもそのコーヒー豆の表現のひとつです」

高品質な生豆が入手できる時代になったからこそ、自由な楽しみ方をしてほしいと思っています。誰かが定義したスペシャルティコーヒーではなく、審査員が評価したものでもなく、自分がおいしいと思えるコーヒーがおいしいコーヒーのはずです。

Chapter5

サステイナブルコーヒー

1 コーヒーを通じたサステイナビリティへの貢献

いろいろなマークの意味

スーパーや専門店で売られているコーヒー豆の袋や、缶コーヒー、コンビニコーヒー、チルドコーヒーなどの包材に、緑色のカエルのマークや太極図のようにも見える青・緑・黒のマークが付いているのを見ることがあります。

これらはその製品そのものや原料の生産・加工・流通が特定の基準を満たしていることを表し、保証するマークです。製品がコーヒー豆や液体のコーヒー、コーヒー飲料の場合、原料の生豆の生産者や加工業者、流通業者がそれぞれに適用される基準を満たしていることがこのマークからわかるのです。

そうした基準は有機（オーガニック）を除き、すべて民間の団体が設けているものです。基準を構成する個々の条件は団体によって異なりますが、例えば生産者に適用される基準がカバーする範囲はおおむね共通しています（図表5.1）。

図表5.1 サステイナビリティ基準がカバーする事項

経済	社会	環境
●経済的パフォーマンス：資金へのアクセス、割増価格、契約、前払い ●市場アクセス ●組織開発：内部統制システム、人的資源管理、法令順守 ●品質：品質管理最適慣行、製品安全、製品特性 ●トレーサビリティ：規定、プロセス ●ラベル：製品ラベル・ロゴ使用、情報伝達	●基本的権利：食糧の保障、教育、医療、住居・衛生施設、ジェンダー問題、文化・宗教、先住民・少数民族の権利、地域社会との関係、土地の所有権・使用権、現地雇用・調達 ●労働条件：安全衛生、安全な飲料水、衛生施設、医療支援・保険へのアクセス、強制労働、暴力・威嚇、最悪の形態の児童労働 ●雇用条件：労働契約、雇用慣行の透明性、書面契約、季節労働者・非常勤労働者の雇用、休暇、賃金の適時支払い、年金・社会保障給付、最低賃金、児童労働・最低年齢、同一報酬、最長労働時間 ●労使関係：結社の自由、団結権・団体交渉権、差別待遇、労働組合連合 ●倫理：腐敗・賄賂防止	●土壌：保全・生産性 ●森林：保全・植林・伐採 ●薬品・天然有機投入物：禁止品・許容品リスト、総合的病害虫管理、化学物質、用途、取り扱い方法 ●生物多様性：生息地・生態系、新製品の影響の評価、緩衝地帯、動植物の密度・多様性、保護区、バイオテクノロジーの使用、遺伝子組換作物の使用 ●動物：取り扱い、育種、飼育 ●廃棄物：管理、汚染、堆肥化、処分 ●水：使用・管理・削減・品質 ●エネルギー：使用・管理・省エネ・再生可能エネルギー・枯渇性エネルギー ●気候変動・炭素：排出監視、温室効果ガス固定、外部性オフセット

こうした基準を総称して「サステイナビリティ基準」といいます。生産者などが基準を満たしているかどうかを調べることを「監査」といい、基準を満たしているというお墨付きを与えることを「認証」といいます（「はじめに」で挙げた「レインフォレスト・アライアンス認証」もこうした認証のひとつです）。

図表5.1からわかるとおり、基準にもとづき認証されるのは製品あるいは原料そのものの品質ではありません。あくまでも、どのような社会的・環境的・経済的条件の下で生産がされたかということ、すなわち生産者や生産活動を取り巻く状況が認証の対象になっています。スペシャルティコーヒーが原料自体や製品自体の品質、すなわち結果の品質を重視しているのと対照的です。実際、産品自体の品質向上とは別の方向で産品を差別化・差異化するツールとしてサステイナビリティ基準・認証をとらえ、活用する生産者も多数存在します。

サステイナビリティの意味

サステイナビリティ（sustainability）は持続可能性と訳されます。最も広義には人類社会の持続可能性のことを指します。

この概念は自然資源を長期にわたり枯渇させずに利用していくにはどうすればよいかという

問いから生まれました。例えば早くも1930年代にはイギリスの水産資源学者エドワード・ラッセルが「持続漁獲量」という考え方を提唱しています。これは漁業資源を長期的に維持できる年間漁獲量という意味です。こうした課題が認識されるようになったのは、当時すでに乱獲による漁獲高の減少が一般にも認識されるようになっていたことが背景にあります。

サステイナビリティという考え方は単なる自然環境の保護を目的とするのではなく、人間の福利のためには自然の恵みが不可欠という前提に立脚し、両者の長期的な調和を目指すものです。さらに現在では自然環境だけでなく社会や経済の側面を含んだより広い文脈で理解されています。そのきっかけとなったのが「環境と開発に関する世界委員会（通称：ブルントラント委員会）」が1987年に公表した報告書「Our Common Future」だとされています。同報告書では「持続可能な開発」という概念を提唱し、「将来の世代の欲求を満たしつつ、現在の世代の欲求も満足させせるような開発」と定義しました。ここでの「将来の世代」にはこれから発展していくはずの開発途上国の人々のことも含意されています。

サステイナブルコーヒーの意味

「サステイナブルコーヒー」という言葉を直訳すると「持続可能なコーヒー」となりますが、

その意味はむしろ「サステイナビリティに貢献するコーヒー」と解釈すべきです。すなわち、前述のサステイナビリティ基準にもとづく認証の有無にかかわらず、何らかの形でサステイナビリティに貢献する意図の下、生産・加工・流通されているコーヒーがサステイナブルコーヒーです。

この言葉の起源は定かではありませんが、1996年には「サステイナブルコーヒー・コングレス」という国際会議が米国で開催されているので、それまでのどこかの時点で使われはじめていたはずです。

この国際会議ではサステイナブルコーヒーの定義も試みています。それによると、「サステイナブルコーヒーは、生物多様性が高く化学物質投入が少ない農地で生産され、資源を保全し、環境を保護し、効率よく生産され、商業的に競争力を有し、生産者と社会全体の生活の質を向上させる」ものです。

この定義はあくまでもこの会議で提唱されたものに過ぎず、公的な機関が定めたものでも、国際規格になっているものでもありません。とはいえ、サステイナビリティの3つの側面、すなわち環境・経済・社会の各側面を網羅しつつもシンプルにまとまっており、より具体的な定義の例として参考になるでしょう。

2 サステイナブルコーヒーの背景

前節の内容をおさえておけば、商品に付された認証マークの意味を理解するのには十分だと思います。ここからはもう少し視野を広げて、サステイナブルコーヒーが登場し普及した背景を簡単に説明しておきます。

国際コーヒー協定

1962年から1989年までは国際コーヒー協定（ICA）に基づく生豆の市場管理制度が存在しました。この制度の目的は生豆の国際価格の低迷防止と安定です。そうした制度の支柱になっていたのは、国際的には加盟生産国ごとに輸出量の上限を定める輸出割当の仕組み、加盟生産国の国内的には公的機関による価格安定の仕組み（緩衝在庫など）でした。

ICAにおいて輸出割り当てを規定したのは経済条項と呼ばれていますが、さまざまな理由から1989年にその適用が停止されます。この結果、生豆の国際価格を一定水準以上に下支えしていた仕組みがなくなってしまいます。

ICAに基づく市場管理制度があった時代を貧しい生産者が厳しい競争にさらされず保護されていた時代として好意的にとらえる見方もあります。確かにその見方は正しいのですが、一面的です。生産者の能力向上は進まず、彼らは脆弱なままとどめおかれたともいえます。生豆の国際価格も人為的に下支えされたものだったので、世界全体での生豆の供給が構造的に過剰な状態も続きました。

経済条項の停止以降、生豆の需給の均衡化には20年を要することになりました。この間に世界は生豆の価格低迷期を2回経験し、多くの生産者たちに苦しみを強いることになります。

コーヒー危機

ICA経済条項停止後、生豆の国際価格の低迷は経済条項停止直後から1993年ごろまでと、1999年から2004年ごろまでの2回にわたり発生しました。この2回の価格低迷により生産国を襲った深刻な状況をそれぞれ「第一次コーヒー危機」、「第二次コーヒー危機」と呼びます。コーヒーで得られる収入は生産費用を下回り、多くの生産者が困窮します。生産を続けられなくなった人々は都市に流入したり、違法な作物の栽培をしたりせざるを得ませんでした。放棄されたコーヒー畑は放牧地に転換されるなどし、農村は荒廃してしまいます。

第一次危機の原因はまさに輸出割り当て撤廃に伴う各国からの在庫の一斉放出です。一方、第二次危機の主な原因はブラジルとベトナムの増産に伴う供給過剰です。この時期のベトナムでは栽培面積の増大を伴う生産量の増加が起きていたことは第2章で述べたとおりです。

コーヒー栽培とサステイナビリティの関係

コーヒーとサステイナビリティが結びつく理由の一つは、生豆が開発途上国を中心に生産されていることです。しかも全世界の生豆の70%は小規模な農家によって生産されています（第2章参照）。そして生豆の国際価格の低迷が彼らにもたらす帰結は前述のようなものでした。

もう一つの理由は、コーヒーの木が日陰で育つ植物であることです。このためコーヒーの木は森林の中や森林のような状態に近い畑（すなわち日陰をつくる高木も生える畑。カラー写真3下）で栽培することが可能です。コーヒーの栽培は森林やそれに準ずる生態系の保全と両立できる可能性があります。環境保護系の団体がコーヒーに着目するのはこのためです。

とはいえ、コーヒーとサステイナビリティにこのような接点があるからといって、両者にポジティブな関係がおのずと成立するわけでは決してありません。歴史的にはむしろ、コーヒーを原因とする搾取や貧困の発生、森林を含む自然環境の破壊の方が常態でした。

3 フェアトレードコーヒー

二度のコーヒー危機を通じてフェアトレードコーヒーへの注目が高まりました。日本での普及は欧米諸国に比べてまだまだですが、それでも近年は量販店などでもフェアトレード商品を見かけることが多くなっています。

サステイナブルコーヒーの一角を占めるものとして必ず名前が挙がるフェアトレードコーヒーですが、実はその意味や性質はさまざまなので、ここで整理を試みたいと思います。

表記による意味の違い

「フェアトレード」を日本語で書くとこのカタカナ表記しかありませんが、英語だと少なくとも3通りの表記があるのをご存じですか？"fair trade"、"Fair Trade"、"Fairtrade"の3つです。実はこの3つ、意味（の範囲）が違います。

すべて小文字で書かれ、2語に分かれている"fair trade"は一般名詞（句）です。日本語では「公正な貿易」や「公正な取引」となり、非常に広義です。

いわゆる「フェアトレード」はもちろんこの一部ではありますが、より具体的な条件が想定されています。それが大文字で始まる2語の"Fair Trade"に対応します。世界中のさまざまな「フェアトレード」団体が条件を掲げていますが、「買取価格の保証」や「生産者の民主的な組織化」、「生産者とその家族の労働条件の適正化」、「環境の保全」などが多くの団体に共通する取り組みです。

大文字で始まる一語の"Fairtrade"はさらに狭義で、特定の国際団体やその制度・活動を指します（最も狭義ですが、最も知名度が高いのは実はこちらかもしれません）。

これは国際的なNGO（非政府団体）「国際フェアトレードラベル機構（FLO）」のプログラムです。環境・社会・経済の3側面から基準が設けられ、その基準に合致した生産者には認証が与えられ、「フェアトレード最低価格」と「フェアトレード・プレミアム（生産地域の社会発展に使用される奨励金）」が保証されます。認証生産者の産品は国際フェアトレード認証ラベルを付して販売することができます。この商品を取り扱うためには流通業者もライセンスを取得しなければなりません。

認証ラベル導入の背景

〝Fair Trade〟では伝統的に、生産者と販売者が直接的に取引し、販売者が仕入れた産品を自分の店で消費者に直接販売することで、生産者と消費者の間に「顔の見える」関係を構築し、消費者が支払った対価の多くが生産者に帰属するような仕組みとなっていました。この場合、産品の販売される場所（「ワールドショップ」と呼ばれる店舗など）が消費者にとってフェアトレードとそれ以外を区別するよりどころになります。生産者から消費者までのつながりが密である反面、産品の販路はフェアトレード専門店に限定されるため、生産者は産品を限られた量しか販売できないという問題もありました。

こうした問題を解消するために導入されたのが認証ラベルです。ラベルを商品に付けることで、消費者がフェアトレード専門店に限らず一般店（スーパーマーケット）でもフェアトレード商品を見分けることができるようにするという仕組みです。これが現在のフェアトレード商品の普及・一般化につながりました。この仕組みを導入したのが現在のFLOに連なる団体です。私たちが日本の量販店で「フェアトレード商品」として目にするのはほとんどがFairtrade、すなわちFLO認証商品です。

WFTO・独立系団体

FLO系ではない〝Fair Trade〟団体で有力なものとしてWorld Fair Trade Organization（WFTO）があります。従来は〝Fair Trade〟の指針10カ条を定め、それを順守する組織（生産者団体やフェアトレード専業の事業者）に認証を与えるだけで、商品にはラベルを付けないというやり方をとっていました。しかし、最近では指針を基準として厳密化し、商品にもWFTOラベルを付けられるようにするなど施策を導入してきています。

WFTO以外にもフェアトレード団体の国際的ネットワークはありますし、そうしたネットワークに加わらない独立系のフェアトレード団体も多数あります。ただし、適切な対価の支払いや生産者の組織化や能力向上への支援、自然環境への配慮といった点は現在のフェアトレードに共通する理念だと考えられます。

フェアトレードに関する留意事項

フェアトレードは弱者を守ろうという善意にあふれた仕組みです。しかし、その善意が弱者を弱者のまま固定する危険性もはらんでいます。

その原因は最低買取価格の仕組みにあります。供給が需要を上回ると市場価格が低下しますが、最低買取価格がそれを上回っている場合、市場価格よりも高値で買い取りがなされます。その結果、市場が本来は退出を促したはずの、競争力の弱い生産者（たとえば本来はコーヒー生産に向かない地域の生産者）が生産を続け、供給過剰は温存されることになります。市場に任せていれば、彼らはコーヒー生産をあきらめ、別の道を探すかもしれません。人為的な買い支えがそうした転換を阻むことになるのです。

このことをどうとらえるかは人によって違うかもしれませんが、脆弱な生産者を支援することの究極的な目標は、彼らが支援を必要としなくなる状態になることだという点では一致を見るでしょう。そういう意味で私はフェアトレードによる保護は一時的なもの、過渡的なものであるべきであり、少なくとも弱者のままで固定するような施策は慎むべきだと考えています。

フェアトレードについてもうひとつ気になることがあります。

生産者が丹精込めて作った産品の品質をないがしろにする販売者の存在です。かわいそうな人たちが作ったものだから中身はどうであれ買うべきというスタンスについては目をつむるとしても、せっかくの品質を損なうような取り扱いは看過できません。流通業者の取り扱いのせいで商品の品質が下がっても、消費者はそれを販売者のせいだとは考えず生産者がつくった産品の品質がもともと低かったと考えるでしょう。生産者は信頼や名声を得る機会を失うことになります。

産品を通じて生産者とつながる以上、彼らのつくったものを大切に扱うことがフェアトレードの第一歩ではないでしょうか。コーヒーをフェアトレード品として扱うならば、流通業者にはコーヒーの性質を理解したうえで取り扱ってほしいと願います。

4 有機（オーガニック）コーヒー

有機（オーガニック）商品は認証商品の中では最もなじみのあるものでしょう。有機認証コーヒーがサステイナブルコーヒーなのかどうかはさておき、有機認証コーヒーについて「消費者の安全を考慮し」と誤った説明をしているコーヒー本もあるので、そもそも有機農業や有機農産物の「有機」が何を意味しているのかだけは述べておきたいと思います。

政府系ガイドラインでの説明

日本を含む各国で有機農業に関する基準や認証・格付けシステムのもとになっているのが、コーデックス委員会が１９９９年に策定した「有機的に生産される食品の生産、加工、表示及び販売に係るガイドライン」です。

コーデックス委員会とはＦＡＯ（国連食糧農業機関）とＷＨＯ（世界保健機関）が合同で設置した政府間機関で、消費者の健康の保護や食品の公正な貿易の確保などを目的としています。

コーデックスのガイドラインは有機農業について次のような説明をしています。

「有機農業は、外部からの資材の使用を最小限に抑え、化学合成肥料や農薬の使用を避けることを基本としている」「有機農業の主要目的は、土壌の生物、植物、動物、及び人間の相互に依存しあう共同体の健康と生産性を最適化することである」「有機農業は、生物の多様性、生物的循環及び土壌の生物活性等、農業生態系の健全性を促進し強化する全体的な生産管理システムである」

民間組織の考え方

政府間機関の考え方だけでなく、民間の考え方も示しておきましょう。有機農業に関する世界最大の民間組織IFOAM（国際有機農業運動連盟）は2008年6月に有機農業を次のとおり定義しました。

「有機農業は、土壌・自然生態系・人々の健康を持続させる農業生産システムである。それは、地域の自然生態系の営み、生物多様性と循環に根差すものであり、これに悪影響を及ぼす投入物の使用を避けて行われる。有機農業は、伝統と革新と科学を結び付け、自然環境と共生してその恵みを分かち合い、そして、関係するすべての生物と人間の間に公正な関係を築くと共に生命（いのち）・生活（くらし）の質を高める」

共通する考え方

コーデックス委員会とIFOAMの定義からは次のような共通の考え方を抽出できます。

・人間の共同体を含む生態系を健全化する。

・そのために地域の生物多様性や循環を活用し、外部からの投入物（農薬など）を抑制する。

政府系機関にしろ民間組織にしろ、有機農業の目的は食べて安全な農産物を作ることだとも、有機農産物が安全だとも言っていません。有機農業が目指すところはあくまでも（農業）生態系の健全性や人と自然の共生です。確かに「共同体の健康」や「人々の健康」という言葉も出てきますが、生態系が健全であることが（さまざまな自然の恵みを通じて）人間の健康にも寄与する、ということであり、「有機農産物が安全だから人が健康になる」という考え方はしていません。「有機認証コーヒーは飲んでも安全・安心」とうたって商売している業者がいたら、有機農業についてどんな理解をしたうえでそうした売り方をしているのか聞いてみるとよいかもしれません。誤解なきように付け加えますが、私が残念に思うのは「有機＝安全」というイメージだけで有機認証コーヒーを販売する同業者の態度です。消費者が理由のいかんにかかわらず有機農産物を好むことは個人のライフスタイルとしては尊重されるべきだと考えています。

5 コーヒー産業のサステイナビリティ

サステイナブルコーヒーに関する取り組みとは、コーヒーを通じてサステイナビリティに貢献することというとらえ方が元来は主流でした。すなわち、コーヒーはサステイナビリティのためのツールだという考え方です。貧困を削減するためのフェアトレードも、森林保全のため日陰樹を伴うコーヒー栽培（シェードコーヒー）も、基本的にはそうでした。

しかし、現在はコーヒー産業自体の持続可能性が取りざたされるようになっています。これはここ数年で急速に顕在化してきた問題です。

コーヒー産業の持続性を脅かす問題はさまざまです。主なものを挙げると次のとおりです。

第一に、気候変動です。産地で気候がこれまでとは異なるパターンに変化したり、極端現象がこれまでよりも激甚化や高頻度化したりしていると言われています。たとえば高地でも夜間の気温が下がりにくくなったり、雨季のタイミングがずれたり、あるいは雨そのものが降らなくなったり、逆に豪雨に見舞われやすくなったりといった事象が報告されています。気候の変化に伴い、病虫害の被害も拡大する傾向があります。

第二に、人手不足です。生産国でも経済発展が進み、若年層を中心に都市への移住が増えた結果、あるいは農業以外に魅力的な就業機会が増えた結果、農家の後継ぎがいなくなったり、コーヒーの果実の収穫者が集まらなくなったりする事態が起きています。あるいは人を集めるためにこれまでよりもコストがかかるようになってきています。経済発展で人々に機会が増えることと自体はとてもすばらしいことですが、コーヒー産業にとっては大きな試練です。

第三に、農地不足です。生産国で進む都市化やリゾート開発に伴い、都市の近郊や保養地に好適な地域ではコーヒー畑から宅地などへの転換が進んでいます。例えばケニアのナイロビ近郊やコスタリカのサンホセ近郊、パナマのボケテでかつてのコーヒー畑の多くが消失してしまっています。

ただし、消失した都市近郊の農地はより遠方の土地によって代替されることもあります。その場合、元来は農地でなかった場所（森林など）がコーヒー農地に転換されることも多く、生態系破壊につながる懸念があります。

6 コーヒーとサステイナビリティのこれから

サステイナブルコーヒーが普及したり、コーヒー産業自体の持続可能性が問われたりするようになった今も、コーヒー産業が全体として環境や社会に与える影響はさほど変わっていないと思われます。

これからも新興国ではコーヒー需要が増えると予想されています。圃場での単位面あたりの生産性がこれまでと変わらないとすると、コーヒーへの需要が順調に伸びた場合、2050年には今の倍の収穫面積が必要となるかもしれないという報告もなされています。気候変動による栽培適地の移動も加味すると、栽培地拡大による森林の喪失も懸念されます。

これを防ぐためにも単位面積あたりの収量の増加に取り組む必要があります。同時に環境負荷の増加も抑えていくべきです。すなわち、持続可能な形での集約化（サステイナブル・インテンシフィケーション）の実現を模索する必要性が高まっているといえます。

コーヒー以外にも視野を広げよう

とはいいつつも、第2章で見たとおり、世界におけるコーヒーの収穫面積は他の熱帯農作物に比べて必ずしも大きいわけではもはやなくなっています。今後の人口増大（2050年には中位推計で97億人を突破すると国連人口部は2015年に発表しています）や気候変動緩和の必要性の増大に伴い、他の農作物の存在感がますます高まる可能性もあるでしょう。

開発途上国におけるコーヒーの位置づけや重要度も変わってきています。生産国でコーヒー産業に従事する人の減少やその国全体の経済発展は、従事者1人あたりの収入を増やし、彼らの生活水準をおのずと向上させるかもしれません。いや、コーヒー産業から離れた方が彼らは幸せになれるのかもしれません。だとしたらそれを阻害するような働きかけは慎むべきでしょう。

私たちが使用できる資源は限られています。限られた資源をどのように配分するのが最適なのかについて、社会全体としても個人としてもこれからはさらに厳しい選択を迫られることになるでしょう。

確かに人類社会のサステイナビリティのためにコーヒーを通じて貢献することはすばらしい

ことのように思えます。しかし、コーヒー以外にも視野を広げれば、コーヒーのためにあるいはコーヒーを通じて資源を配分するのがよいのか、それとも別の目的や手段に配分するのがよいのかについて、これまでとは違う判断が適切になるかもしれません。

サステイナビリティの文脈でコーヒーとどう関わるのかはこれまでの観念にとらわれず、さまざまな立場の組織や人々が主体的に考えていくべき段階に来ているように思われます。

おわりに

最後まで読んでくださり、ありがとうございます。コーヒーに関するリテラシーの向上に役立つことを目指した本書ですが、その役割は果たせたでしょうか。

コーヒー業界の内外を問わず、多くの方々の教えや支えを抜きにして本書は執筆できませんでした。みなさまに深謝いたします。全員のお名前を挙げることができませんので、失礼ながら、最も身近な人々に限って以下に言及することをお許しください。

堀口珈琲の創業者であり、私のコーヒーの師である「マスター」こと堀口俊英は、何年も前から私に本を書くよう勧めてくれていました。本書はマスターの存在と励ましの賜物です。

若林恭史・小野塚裕之をはじめとする堀口珈琲の同僚たちは、私が執筆しやすいようさまざまな形で助言や協力をしてくれました。彼らに本書を捧げたいと思います。

伊藤亮太

主な参考文献（本文で言及しなかったもの）

はじめに
吉原令子（著）『アメリカの第二波フェミニズム』（ドメス出版　2013）

Chapter 1
Jean Nicolas Wintgens (ed.) “Coffee: Growing, Processing, Sustainable Production” (WILEY-VCH Verlag GmbH & Co. KGaA, Germany, 2009)

Chapter 2
ドナルド・アーレン（著）『最新気象百科』（丸善出版　2008）
武田喬男（著）『雨の科学』（成山堂書店　2005）
日下博幸（著）『学んでみると気候学はおもしろい』（ベレ出版　2013）

Chapter 3
全日本コーヒー検定委員会（監修）『コーヒー検定教本』（全日本コーヒー商工組合連合会　2012）
畑江敬子・香西みどり（編）『調理学』（東京化学同人　2016）
大澤俊彦ほか（著）『チョコレートの科学』（朝倉書店　2015）
入谷英司（著）『絵とき「濾過技術」基礎のきそ』（日刊工業新聞社　2011）

Chapter 4
B・J・パインII、J・H・ギルモア（著）『[新訳] 経験経済』（ダイヤモンド社 2005）
三次理加（著）『商品先物市場のしくみ』（PHP研究所　2010）
芥田知至（著）『図解　国際商品市場がわかる本』（東洋経済新報社　2012）
麻井宇介（著）『比較ワイン文化考』（中央公論社　1981）
麻井宇介（著）『ブドウ畑と食卓のあいだ』（中央公論社　1995）
山下範久（著）『ワインで考えるグローバリゼーション』（NTT出版　2009）
J. Robinson & J. Harding "The Oxford Companion to Wine" (Oxford University Press, Oxford, UK, 2015)
川口葉子（著）『COFFEE DIARY 2015』（祥伝社　2014）

Chapter 5
小宮山宏ほか（編）『サステイナビリティ学①サステイナビリティ学の創生』（東京大学出版会　2011）
小宮山宏ほか（編）『サステイナビリティ学④生態系と自然共生社会』（東京大学出版会　2010）
亀山康子・森晶寿（編）『グローバル社会は持続可能か』（岩波書店　2015）
ニコ・ローツェンほか（著）『フェアトレードの冒険』（日経BP社　2007）
アレックス・ニコルズほか（編著）『フェアトレード』（岩波書店　2009）

青春新書 PLAYBOOKS
人生を自由自在に活動(プレイ)する

人生の活動源として

いま要求される新しい気運は、最も現実的な生々しい時代に吐息する大衆の活力と活動源である。

文明はすべてを合理化し、自主的精神はますます衰退に瀕し、自由は奪われようとしている今日、プレイブックスに課せられた役割と必要は広く新鮮な願いとなろう。

いわゆる知識人にもとめる書物は数多く窺うまでもない。

本刊行は、在来の観念類型を打破し、謂わば現代生活の機能に即する潤滑油として、逞しい生命を吹込もうとするものである。

われわれの現状は、埃りと騒音に紛れ、雑踏に苛まれ、あくせく追われる仕事に、日々の不安は健全な精神生活を妨げる圧迫感となり、まさに現実はストレス症状を呈している。

プレイブックスは、それらすべてのうっ積を吹きとばし、自由闊達な活動力を培養し、勇気と自信を生みだす最も楽しいシリーズたらんことを、われわれは鋭意貫かんとするものである。

―創始者のことば―　小澤和一

著者紹介
伊藤 亮太〈いとう　りょうた〉

堀口珈琲 代表取締役社長。

1968年千葉県銚子市生まれ。早稲田大学政治経済学部政治学科卒業。

大学卒業後、宇宙開発事業団（現JAXA）に10年間勤務する。1997年からの3年間にわたる米国駐在時にコーヒーの可能性に目覚め、2002年にコーヒー業界に転身。2003年に株式会社堀口珈琲（当時の社名は有限会社珈琲工房ホリグチ）に入社し、2013年4月から現職。

入社以来一貫して海外のコーヒー関係者との連絡調整を担当し、コーヒー産地へも頻繁に足を運ぶ。

常識（じょうしき）が変（か）わる
スペシャルティコーヒー入門（にゅうもん）

青春新書 PLAYBOOKS

2016年12月10日　第1刷

著者　伊藤亮太（いとうりょうた）

発行者　小澤源太郎

責任編集　株式会社プライム涌光
電話　編集部　03(3203)2850

発行所　東京都新宿区若松町12番1号 〒162-0056　株式会社青春出版社
電話　営業部　03(3207)1916　振替番号　00190-7-98602

印刷・大日本印刷　製本・フォーネット社

ISBN978-4-413-21071-3

青春新書
PLAYBOOKS

人生を自由自在に活動する――プレイブックス

できる男の老けない習慣

平野敦之

〈見た目〉と〈活力〉のカギを握る
2つの「男性ホルモン」を
活性化する方法

P-1068

やってはいけない山歩き

野村 仁

準備、装備・持ち物、歩き方、
情報の使い方……安心して山を
歩ける基本をコンパクトに解説！

P-1069

無意識のパッティング

デイブ・ストックトン
マシュー・ルディ

ミケルソン、マキロイを
メジャー制覇に導いた
「パッティング・ドクター」が伝授する

P-1070

「集中力」を一瞬で引き出す心理学

渋谷昌三

心の使い方を少し変えるだけで、
「質」と「スピード」は
劇的に高まる！

P-1072